130 PERSONAJES Y SUS APORTES A LA NEUROCIENCIA Y LA NEUROEDUCACIÓN

ExLibric

GIOVANNI AÑEZ

130 PERSONAJES Y SUS APORTES A LA NEUROCIENCIA Y LA NEUROEDUCACIÓN

EXLIBRIC
ANTEQUERA 2025

130 PERSONAJES Y SUS APORTES A LA NEUROCIENCIA Y LA NEUROEDUCACIÓN
© Giovanni Añez
Diseño de portada: Dpto. de Diseño Gráfico Exlibric

Iª edición

© ExLibric, 2025.

Editado por: ExLibric
c/ Cueva de Viera, 2, Local 3
Centro Negocios CADI
29200 Antequera (Málaga)
Teléfono: 952 70 60 04
Fax: 952 84 55 03
Correo electrónico: exlibric@exlibric.com
Internet: www.exlibric.com

ISBN: 979-13-87944-37-7
Depósito Legal: MA 1241-2025

Impresión: PODiPrint
Impreso en Andalucía – España

Nota de la editorial: ExLibric pertenece a Innovación y Cualificación S. L.

GIOVANNI AÑEZ

130 PERSONAJES Y SUS APORTES A LA NEUROCIENCIA Y LA NEUROEDUCACIÓN

Dedicatoria

A mi madre Ángela, que fue un ejemplo de amor incondicional para levantar a la familia y a sus hijos con un gran esfuerzo y sacrificio, el cual viví con ella desde niño.

A María Victoria, compañera de vida y pilar fundamental para la formación de una linda, bella y hermosa familia y quien me ayudó muchísimo a la consecución de mi grado universitario.

A mis hijos Johana, Giovanna y Giomar, a los cuales les transmitimos valores y principios de amor en educación.

A mi estimada María José (Majo), que me dio un gran apoyo con los manuscritos del libro con su vasta experiencia profesional.

A mis queridos nietos Valeria, Juan Diego, Aquiles y Miranda, que son mi inspiración para seguir investigando, estudiando y escribiendo sobre la neurociencia y la neuroeducación para las generaciones futuras, como lo han dejado y siguen dejando muchos de los personajes aquí expuestos.

Dedico con mucho cariño a todos los padres, madres y tutores de los niños y niñas, jóvenes y adolescentes, que tienen la gran responsabilidad de formar el «el cerebro del futuro» trabajando muy duro en el presente.

A mis colegas docentes y profesores, que buscan día a día cómo enrumbar el camino ante el torbellino de conocimientos, información y cambios que influyen en su valioso trabajo formativo educativo. Debemos estar convencidos de que solo a través de la educación se construye un mundo mejor.

Que este trabajo sea de su agrado y mucha utilidad para su crecimiento y formación.

Índice

Dedicatoria...9

Introducción..17

1. Abraham Maslow 19
2. Alan Baddeley 20
3. Albert Bandura..22
4. Albert Camus 23
5. Alcmeón de Crotona 24
6. Álvaro Bilbao 25
7. Álvaro Pascual-Leone 26
8. Andrew Huberman 27
9. Andrew Meltzoff...28
10. Anna Christina Nobre 29
11. Antonio Damasio 30
12. Antonio de Nebrija 31
13. Antonio Gramsci 32
14. Aristóteles 33
15. Arthur Benton..34
16. Begoña Ibarrola...35
17. Camillo Golgi 36
18. Carl Gustav Jung 37
19. Carl Rogers 38
20. Carl Wernicke 40
21. Célestin Freinet...40
22. Charles Darwin 42

23. Charles Sherrington 43
24. Christopher Peterson..44
25. Claude Lévi-Strauss..45
26. Daniel Goleman 46
27. Daniel Kahneman 48
28. David A. Sousa 49
29. David Bueno i Torrens..50
30. David Wechsler..51
31. Donald Hebb 52
32. Edouard Claparede 53
33. Eduardo Calixto 54
34. Edward Thorndike 55
35. Elías Maurice 56
36. Elvira Perejón...57
37. Epicteto 58
38. Eric Jensen 59
39. Eric Kandel 60
40. Erich Fromm...62
41. Estanislao Bachrach 63
42. Facundo Manes 64
43. Ferdinand de Saussure 66
44. Fernando Savater..67
45. Francesco Tonucci Frato 68
46. Francisco Mora 69
47. Friedrich Nietzsche...70
48. Friedrich Wilhelm August Fröbel..........................72
49. Georg Kerschensteiner 73
50. Gerhard Preiss 74
51. Giacomo Rizzolatti...75

52. Hermann von Helmholtz 76
53. Howard Gardner 76
54. Humberto Fernández Morán 78
55. Ignacio Morgado 79
56. Immanuel Kant 80
57. Javier de Felipe 81
58. Jean Piaget 82
59. Jean-Jacques Rousseau 84
60. Johan Heinrich Pestalozzi 85
61. Johann Friedrich Herbart 86
62. John D. Mayer 87
63. John Dewey 88
64. John Locke 90
65. José Antonio Fernández Bravo 91
66. José Antonio Marina 93
67. José Ortega y Gasset 94
68. Joseph E. LeDoux 95
69. Juan Amos Comenio 97
70. Juan Bautista de la Salle 98
71. Juan Luis Vives 99
72. Judy Willis 100
73. Karl J. Friston 102
74. Karl Lashley 103
75. Lev Vygotsky 104
76. Manfred Spitzer 105
77. Mar Romera 106
78. Marco Tulio Cicerón 107
79. Marcus E. Raichle 108
80. María Montessori 109

81. Marian Diamond.................................110
82. Marian Rojas Estapé 111
83. Mariano Sigman................................112
84. Mario Alonso Puig.............................114
85. Mark Greenberg................................115
86. Michael Posner................................116
87. Michael S. Gazzaniga..........................118
88. Miguel de Unamuno............................118
89. Nazaret Castellano............................120
90. Nel Noddings 121
91. Noam Chomsky................................122
92. Nolasc Acarín.................................123
93. Oliver Sacks 124
94. Ovide Decroly 126
95. Pablo Fernández Berrocal 127
96. Paul Ekman...................................129
98. Paul Pierre Broca 131
99. Paulo Freire..................................131
100. Peter Salovey 132
101. Platón 133
102. Rafael Bisquerra.............................135
103. Rafael Yuste.................................136
104. Ralph Reitan 137
105. Randy L. Buckner............................138
106. Raymond J. Dolan............................140
107. Reinhard Pekron.............................140
108. René Descartes 141
109. Richard Davidson 143
110. Roberto Aguado 144

111. Roger Weissberg 145
112. Santiago Ramón y Cajal 146
113. Sarah-Jayne Blakemore 147
114. Séneca 148
115. Sigmund Freud 149
116. Sir Charles Scott Sherrington 150
117. Sir Ken Robinson 150
118. Sócrates 151
119. Stanislas Dehaene 153
120. Stephen Hawking 154
121. Steven Pinker 156
122. Tales de Mileto 157
123. Thomas Hobbes 158
124. Tomás Moro 159
125. Tomás Ortiz Alonso 160
126. Trevor W. Robbins 161
127. Viktor Frankl 162
128. William James 163
129. Xavier Melgarejo 164
130. Zygmunt Bauman 169

Introducción

A lo largo de la historia de la humanidad han sido muchos los aportes de filósofos, historiadores, educadores y científicos que han dejado huella con sus escritos para interpretar el pasado, analizar el presente y «entender» el futuro.

En este trabajo se presentan a varios autores y reconocidos personajes que han contribuido con sus pensamientos, escritos, investigaciones y teorías a conocer la evolución del ser humano y, con ello, su formación y aporte cognitivo, lo que ha permitido formar el nivel de desarrollo que hoy en día se tiene en el planeta: como son la economía, medicina, tecnología, los avances científicos, entre otros.

Desde la formación de la Tierra hace unos 5000 millones de años, pasando por la extinción de los dinosaurios hace unos 65 millones de años y la aparición del Australopithecus hace 4 millones de años, que son del género Homo del que forma parte nuestra especie: el Homo sapiens, es decir, el hombre moderno que conocemos hoy con esta evolución histórica. El cerebro también evolucionó y se desarrolló, dando origen al cerebro humano que hace unos 150 000 años se terminó de formar.

Hoy en día, se conoce que nuestro cerebro (el que nos hace pensar, sentir, reír, llorar y alegrar, entre otras cosas) tiene un peso de 1,5 kilos, posee unos 80 000 millones de neuronas, tiene la forma de una nuez, la contextura de la mantequilla y consume el 20 % de toda la energía del cuerpo y apenas representa el 2 % del total del cuerpo humano, y en él se producen unos 200 billones de conexiones neuronales (sinapsis). Esto da origen a unos 50 000 pensamientos por día (buenos y malos, positivos o negativos).

El presente trabajo agrupa a grandes filósofos, científicos e investigadores, sin un orden cronológico específico, que han hecho aportes significativos para entender la evolución humana como tal y su cerebro en particular, responsable de hacer y deshacer todo el avance científico y tecnológico que estamos viviendo en pleno siglo xxi.

El texto que tiene en sus manos recoge los aportes de investigadores, médicos, biólogos, neurólogos, psiquiatras, pedagogos. Todos ellos han permitido el nacimiento y evolución de la neurociencia y la neuroeducación como ramas científicas que nos permiten estudiar —a partir de conocer el cerebro— las estrategias y herramientas pedagógicas para mejorar nuestro camino dentro de la educación y formación de los adultos del futuro, los niños de hoy.

130 personajes y sus aportes a la Neurociencia y la Neuroeducación se convierte en un valioso texto de consulta tanto para estudiantes de todos los niveles como para docentes de distintas asignaturas, así como padres, madres, representantes y tutores de la población estudiantil de todos los niveles. Reúne conocimientos provenientes de fuentes originales que han marcado —y continúan marcando— la historia de la neurociencia y la neuroeducación.

1. Abraham Maslow (Estados Unidos, 1908-1970), psiquiatra y psicólogo humanista

Impulsó una nueva manera de entender la ciencia en el tratamiento de los trastornos mentales y las patologías psiquiátricas. Es autor de un modelo holístico que se basa en el estudio del crecimiento y desarrollo humano en base a la satisfacción de las necesidades básicas de una persona, que luego se llamaría la Pirámide de Maslow.

Esta pirámide, propuesta en 1943, es una teoría de jerarquía de necesidades en la que, conforme se satisfacen las necesidades más básicas (parte inferior de la pirámide), los seres humanos desarrollan necesidades y deseos más elevados (parte superior de la pirámide). Esta pirámide aplica en diferentes ámbitos: estudiantil, empresarial y económico-social.

La base de la pirámide es cubrir las necesidades fisiológicas: alimentación, respiración, descanso, sexo, etc., de una persona. En un segundo nivel, las necesidades de seguridad física, empleo, recursos materiales, relaciones familiares y sociales. En un tercer nivel, encontramos la afiliación a su entorno familiar, afecto, aceptación social y amistades. En cuarto lugar, el reconocimiento, el cual consiste en el autoconocimiento, confianza, respeto, éxito y logro de metas u objetivos. En la cúspide de la pirámide está la autorrealización, el crecimiento personal, autoestima, la ética y principios sociales de toda persona que le conducen a la motivación de crecimiento.

A. Maslow fue profesor en varias universidades de Estados Unidos: Universidad de Columbia, Universidad de Wisconsin, Universidad de Brandeis (Massachusetts) y trabajó durante 14 años en el Departamento de Psicología del Brooklyn College de Nueva York. En 1966, fue elegido presidente de la American Psychological Association (APA).

Libros: *El hombre autorrealizado: hacia una psicología del ser, Motivación y personalidad, Visión del futuro.*

«Caminarás delante hacia el crecimiento o caminarás hacia atrás hacia la seguridad».

«La gente autorrealizada tiene un profundo sentimiento de identificación, simpatía y afecto por los seres humanos en general».

2. Alan Baddeley (Reino Unido, 1934–actualidad), profesor de psicología en la Universidad de York (Inglaterra)

Ha realizado estudios e investigaciones sobre la «memoria de trabajo», que es un sistema de almacenamiento de información temporal en el cerebro que recoge la información proveniente de distintas fuentes a través de los sentidos. La memoria de trabajo es uno de los constructos cognitivos más influyentes en los últimos años y décadas. El modelo cognitivista de Baddeley pretende reconceptualizar la memoria a corto plazo basada en la descripción de su funcionamiento.

Los tipos de memoria son:

- **Memoria sensorial**: de escasa duración y que registra toda la información que recibe el cerebro a través de los sentidos en todo el cuerpo.

- **Memoria a corto plazo**: también conocida como operativa o de trabajo, que nos permite llevar el trabajo diario y todos los datos cotidianos. Permite recordar una información por un breve período de tiempo.
- **Memoria a largo plazo**: son los recuerdos que tenemos desde la niñez y adolescencia o adultez, que se acumulan por su impacto e importancia en la vida de toda persona (también llamada memoria episódica).
- **Memoria semántica:** es la capacidad que tenemos para recordar información de conceptos, definiciones y procedimientos, y su relación entre ellos.

La relación entre la memoria episódica y la memoria semántica es que la primera codifica y almacena experiencias personales en el tiempo-espacio, mientras que la memoria semántica guarda información de nuestros aprendizajes que no sabemos cuándo lo aprendimos (ejemplo, conducir un coche, atarse los cordones del zapato, manejar bicicleta, etc.), también llamada memoria procedimental.

Libros: *Memoria humana: teoría y práctica* (1990), *La psicología de la memoria* (1976), *Esencia de la memoria humana* (1976).

3. Albert Bandura (Canadá, 1952–EE. UU., 2021), doctor en Psicología

Se abocó al estudio de la conducta cognitiva y fue reconocido por su trabajo de investigación sobre la teoría del aprendizaje social, lo social cognitivo y la psicología de la personalidad, que conllevó al conductismo y la psicología cognitiva.

Realizó un experimento para estudiar el comportamiento violento de los niños cuando estos son influenciados por conductas violentas de los adultos (experimento del muñeco bobo). Tuvo varios reconocimientos nacionales e internacionales por varias universidades, entre las cuales están las de Roma, Berlín, Salamanca, entre otras, con el título Honoris Causa por sus méritos y trayectoria. Fue presidente de la Asociación Norteamericana de Psicología en 1974. Nombrado presidente de la Asociación de Psicología de Occidente y en 1999 obtuvo el título de honoris de la Asociación de Psicólogos del Canadá. Obtuvo un puesto de rango de los psicólogos más nombrados de todos los tiempos en el 2002.

La teoría del aprendizaje social de A. Bandura señala que forma parte del aprendizaje social proviene del medio social donde se comparten vivencias y experiencias, y ello conduce a que toda persona adquiera costumbres, reglas, habilidades, conocimientos, comportamientos en su convivencia social.

Los principios del aprendizaje social según este autor son cuatro: atención, retención, reproducción y motivación.

Libros: *Teorías del aprendizaje* (1971), *Pensamiento y acción: fundamentos sociales* (1986), *Teoría social cognitiva-conceptos básicos* (2008).

«La psicología no puede decirle a la gente cómo deben vivir sus vidas. Sin embargo, puede proporcionarles los medios para efectuar el cambio personal y social».

«El aprendizaje es bidireccional: nosotros aprendemos del entorno, y el entorno aprende y se modifica gracias a nuestras acciones».

4. Albert Camus (Argelia, 1913-Francia, 1960), filósofo, dramaturgo y periodista

Su pensamiento se desarrolló sobre los argumentos filosóficos de Schopenhauer, Nietzsche y la filosofía alemana.

Las virtudes laicas de este filósofo establecen que toda persona debe ser honrada y tener todo el respeto hacia todo lo auténticamente humano, la solidaridad y la fidelidad en el amor, la tolerancia y la lucha constante contra toda injusticia y contra toda mentira.

Albert Camus fue premio Nobel de Literatura en 1957 por su importante producción literaria, que con seriedad y clarividencia ilumina los problemas de la conciencia humana. Defendía valores como la libertad y la justicia. Formó parte de la resistencia francesa durante la ocupación alemana en la II Guerra Mundial y se relacionó con los movimientos libertarios de filósofos y escritores de la posguerra.

Después de 65 años de su muerte, su pensamiento filosófico es una manera de recordar la importancia de la conciencia, ya que solo a través de ella es posible ser libre. Escribió el libro *El extranjero,* premio Nobel de Literatura en 1957.

Libros: *El hombre rebelde* (1951), *La peste* (1947), *Vivir la lucidez*, *El mito de Sísifo* (1942).

«Cada vez que un hombre en el mundo es encadenado, nosotros estamos encadenados a él. La libertad debe ser para todos o para nadie».

«Cuando por oficio o vocación, no he meditado mucho sobre el hombre, ocurre que se experimenta nostalgia por los primates. Estos no tienen pensamientos de segunda intención».

5. Alcmeón de Crotona (Italia, VI a. C.–siglo V a. C.), filósofo

Fue un filósofo dedicado a la medicina. Fue uno de los principales investigadores que realizó estudios sobre la anatomía humana a través de la disección anatómica. Alcmeón es el primer médico que determinó que las funciones psíquicas residen en el cerebro. Realizó experimentos para comprender que los órganos de los sentidos están unidos al cerebro a través de los nervios (sistema nervioso central). Asimismo, llegó a la conclusión de que es en el cerebro donde reside la conciencia y que el cerebro es el que rige todo el cuerpo.

El cerebro lleva a la conciencia las sensaciones de los nervios a través de los distintos órganos del cuerpo. Esto es la base fundacional de la neurociencia desde el siglo V a. C. en la historia.

El gran descubrimiento del genial Alcmeón de Crotona es que el cerebro es el sitio de la conciencia, de las sensaciones, del pensamiento y del conjunto de la vida psíquica. El cerebro rige todo el cuerpo, es el órgano central de toda la actividad humana tanto psíquica como corporal; en él terminan o empiezan los nervios y a él debemos las sensaciones (de todos los órganos del cuerpo) y el pensamiento.

«La salud es la mezcla proporcionada de las cualidades».
«Los hombres mueren porque no son capaces de juntar el principio con el fin».

6. Álvaro Bilbao (España, 1976-actualidad), doctor en Psicología de la Salud, neuropsicólogo

Estudió en la Universidad de Deusto (Bilbao, España). Es divulgador y conferenciante relacionado con la neurociencia, liderazgo y creatividad para con la educación de los niños. El autor plantea que el cerebro es el órgano más importante para encontrar tu mejor versión, conocer y controlar tus emociones y pensamientos para tener una vida más feliz y enfrentar con éxito las dificultades que se te presenten en el camino.

Álvaro Bilbao establece en su teoría la importancia que existe en los seis primeros años de vida de un niño, ya que el cerebro del infante tiene un gran potencial para su desarrollo que es clave para su futura vida como adulto.

Su teoría se centra en el «educar en positivo» en un ambiente de tranquilidad, lucidez comunicativa, con cariño, sensibilidad y comprensión. Explica de forma muy razonada y lógica desde una perspectiva científica cómo los padres deben entender y ayudar en la educación de sus hijos a través de la neurociencia.

Libros: *Prepárate para la vida, El cerebro del niño explicado a los padres, Cómo educar con firmeza y cariño, Educar en el asombro.*

«Detrás de un "no te quiero" o "te odio" (de un niño) casi siempre hay un "te necesito más de lo que puedas imaginar"».

«Si queremos tener hijos felices en lugar de hacer que el viento siempre sople a su favor, hay que enseñarles también a navegar en tempestades».

7. Álvaro Pascual-Leone (España, 1961–actualidad), neurocientífico

Profesor en la Universidad de Harvard en Estados Unidos. Sus investigaciones se centran en las enfermedades del cerebro. «El cerebro necesita tener un propósito de vida definido». Otras frases importantes de este neurólogo: «Tu cerebro cambia con cada cosa que piensas, incluso aunque no lo digas».

Es director del Centro de Estimulación Cerebral (no invasiva) en el Hospital de Boston. Ha sido distinguido con varios premios internacionales por su investigación y divulgación científica. Coautor del libro *El cerebro que cura*. Está catalogado como una de las mentes más influyentes del mundo científico y está entre los mejores neurocientíficos de los tiempos actuales.

Su teoría cognitiva establece un proceso de etapas para construir y edificar el conocimiento, como el lenguaje, la percepción, memoria, razonamiento y solución de problemas. Estas son las funciones ejecutivas que están en el córtex prefrontal del cerebro.

Libros: *El cerebro que cura* (2019), *Estimulación magnética transcraneal* (2003).

«Los avances en la neurotecnología ya disponible nos dan ya la oportunidad, por una parte, de conocer nuestro cerebro hasta tal punto de poder cambiarlo y mejorarlo».

«Uno se cura o mejora muchísimo con más patrones de vida saludable, un cerebro sano y un bienestar y equilibrio emocional».

8. Andrew Huberman (EE. UU., 1975-actualidad), neurocientífico norteamericano

Profesor de Neurobiología y Oftalmología en la Universidad de Stanford en California. Está activo en las redes sociales con un podcast sobre ciencia y salud basado en la neurociencia, el cual se llama *Huberman Lab Podcast*.

Ha contribuido con su trabajo a difundir sobre la neuroplasticidad neuronal, cómo se reordena el cerebro con nuevos aprendizajes y habilidades adquiridas. De igual forma, difunde temas como las diferentes funciones del cerebro, sobre sus funciones ejecutivas (córtex prefrontal), que es la toma de decisiones, planificación de tareas, organización, entre otros, que toda persona debe cumplir en su vida cotidiana, laboral y de estudios.

Otro tema que estudia este neurocientífico es sobre la respiración, que tiene un vínculo sumamente importante con el sistema nervioso (cerebro) y cómo con buenas técnicas de respiración se puede controlar el estrés y mejorar el rendimiento en los estudios y el trabajo.

Libros: *Reemplazar el ruido por motivación, Manual de protocolos para el cuerpo humano* (2025).

«Tu salud merece lo mejor, sin barreras ni deducibles».

«Lo único que realmente podemos controlar es dónde ponemos nuestra atención y dónde ponemos nuestro esfuerzo. Elige sabiamente».

«Dos inhalaciones por la nariz y luego exhalar lentamente por la boca. Repite dos o tres veces, reducirá tu nivel de excitación y la llevará a un nivel básico».

9. Andrew Meltzoff (EE. UU., 1950-actualidad), psicólogo

Experto en el desarrollo de los bebés y niños para estudiar la imitación infantil, para entender la capacidad cognitiva en la edad temprana, la personalidad y evolución del cerebro desde la niñez. Asimismo, ha estudiado cómo el aprendizaje infantil se inserta en la comprensión de las relaciones sociales de los adultos.

El descubrimiento hecho por Meltzoff sobre la imitación infantil (neuronas espejo, Giacomo Rizzolatti) ha dado forma a la comprensión de los mecanismos cerebrales que sustentan el aprendizaje de los niños en los primeros tres años de vida.

Su primer trabajo en los años 70 demostró cómo los recién nacidos tienen la capacidad de imitar los gestos faciales de los adultos. Los niños edifican los acontecimientos visuales, espaciales, temporales de las acciones humanas —de los adultos— propios y ajenos en un código representativo no específico.

Libros: *Podemos pensar en teorías, Cómo piensan los bebés* (2015).

«La capacidad para imitar de los niños es innata y la comprensión de los estados mentales de los otros se deriva de ella».

10. Anna Christina Nobre (Río de Janeiro, Brasil, 1969-actualidad), neurocientífica

Esta neurocientífica reside en Reino Unido. Es profesora de Neurociencia Cognitiva en la Universidad de Oxford, donde dirige el laboratorio de «cerebro y cognición». En sus prácticas científicas de investigación utiliza técnicas no invasivas como las radiografías, tomografía computarizada, resonancia magnética, entre otros.

Sus estudios y trabajo científico buscan explorar y comprender los sistemas neuronales que son la base de las funciones ejecutivas (toma de decisiones, planificar, organizar, programar acciones, etc.) propias del cerebro humano. Otro punto de su trabajo es investigar la representación del tiempo-espacio, la percepción y la acción, así como demostrar cómo las palabras y los objetivos adquieren significado para la incidencia de ello en la motivación.

Ha recibido premios y reconocimientos nacionales e internacionales como miembro de la Academia Británica (2015) y premio por su trabajo en la Ciencia Cognitiva (2022).

Libros: *Atención y tiempo* (2010).

«Los recuerdos cambian constantemente nuestra forma de percibir el mundo».
«El único temporal que yo estudio es cómo organizar la percepción y las acciones».
«Puede ser que el mundo no sea nada como lo que percibimos conscientemente».

11. Antonio Damasio (Lisboa, 1944-actualidad), neurocientífico

Es profesor de Neurociencia, psicología y filosofía. Dirige el Instituto del Cerebro y la Creatividad en la Universidad de California.

Sus aportes e investigaciones se centran en la relación entre emociones, sentimientos y conciencia. Es doctor Honoris Causa de varias prestigiosas universidades y miembro de varias academias científicas del mundo. Descubrió que desde que comienza una emoción hasta el sentimiento, pasan 500 milisegundos en el cerebro, porque no es lo mismo sentimiento que emoción. Para Antonio Damasio, las emociones son «programas de acción razonablemente complejos» detonados por un evento que una persona experimenta a través de los sentidos como una condición de sobrevivencia, para el bienestar y equilibrio del cuerpo humano, y luego esta emoción se transforma en sentimientos. Diferencia entre emoción y sentimiento, según Antonio Damasio:

Emoción	Sentimiento
Reacción a un estímulo y son transitorias.	Interpretación de la emoción.
Son inconscientes e inmediatas-rápidas.	Más lento, consciente y progresivo.
Aparece antes que la razón.	Aparece después de la emoción.
Propio de los seres humanos. Lleva a tomar acción.	Se presenta luego de pensar y razonar..
Son intensos. Poca prolongación en el tiempo.	Prolongado y de larga duración en el tiempo.

Ha escrito varios libros, entre los que destacan *El error de Descartes* (1994) y *El cerebro creó al hombre* (2010).

«Los sentimientos son la base de la razón y la lógica humana».

12. Antonio de Nebrija (España, 1444-1522), humanista, filólogo, historiador, pedagogo, traductor, docente, catedrático, lingüista, impresor y editor

Célebre por su *Gramática* castellana, que fue la primera en Europa, la cual fue publicada el 18 de agosto de 1492 (dos meses antes del descubrimiento de América). Su trabajo sentó las bases como modelo para la elaboración de las primeras gramáticas y vocabularios en lenguas occidentales en Hispanoamérica.

Su carrera como profesor fue muy larga, cultivando el amor por sus libros, investigación y enseñanza. Abarcó más de medio siglo desde 1470 hasta los casi 78 años, cuando falleció.

A. Nebrija logró en el siglo XV escribir la primera redacción gramática del castellano e hizo de esta primera lengua latina definida como tal. Y luego escribió el diccionario español más completo que se conoció y se conoce hasta la fecha. Además, fue el introductor del Renacimiento italiano en la Península Ibérica a partir de 1470.

Libros: *Gramática de la lengua española* (1492), *Vocabulario de romance en latín* (1495), *Diccionario latino-español*, *Reglas de ortografía en la lengua castellana* (1517).

«Siempre la lengua fue compañera del imperio».
«Enseño gramática con orgullo en el estudio de Salamanca, el más lúcido de España, y por consiguiente de la
redondez de todas las tierras».

13. Antonio Gramsci (Italia, 1891-1937), filósofo, po-
lítico, sociólogo y periodista

Su pensamiento y aportes sociales son la lucha en el terreno
del lenguaje y la cultura, para hacer la crítica al sentido común
destacando lo esencial para ser anticonformista y transformador de
la sociedad. Para Gramsci, la cultura es «la potencia fundamental
de pensar y de saberse dirigir en la vida» y parte del pensamiento
socrático que es pensar bien, para hacer todas las cosas bien y
lograr los objetivos.

Para Gramsci, el principio educativo debe buscar el equilibrio
entre la escuela y la vida, entre el orden social y el orden natural,
entre el trabajo del hombre y el orden social establecido. Propuso
un desarrollo equilibrado de las capacidades intelectuales y morales (oficio teórico y práctico) para una verdadera formación en la
escuela. Al maestro se le debe considerar como un verdadero líder
o dirigente intelectual para transformar la ideología dominante
en una ideología nueva, emergente.

Gramsci ponía el énfasis en una conciencia crítica para la
transformación de la educación como un recurso para lograr
una libertad social.

Libros: *Para la reforma moral e intelectual, La formación de los
intelectuales, El ratón y la montaña, Odio a los indiferentes* (1917).

«La cultura es cosa muy distinta. Es organización, disciplina del yo interior, apoderamiento de la personalidad propia, conquista de superior conciencia por la cual se llega a comprender el valor histórico que uno tiene, su función en la vida, sus derechos y sus deberes».

14. Aristóteles (Grecia, 384 a. C.-322 a. C.), filósofo

Es considerado el padre de la filosofía occidental, fundador de la Lógica y Biología al realizar la primera clasificación de los seres humanos. Manifestó que el ser humano es un animal político y social por naturaleza.

La ética de Aristóteles identifica el bien con un fin, es decir, el hombre actúa (trabaja) porque busca alcanzar un objetivo concreto: la felicidad en la vida. Aristóteles entiende la educación como un proceso que dura toda la vida.

Las virtudes de Aristóteles son la sabiduría, la ciencia, la intuición, la prudencia y el arte. Para este filósofo debemos actuar correctamente porque quien lo hace así, logra cosas buenas, hermosas, logra las metas y la vida por sí misma es agradable.

Para Aristóteles la educación del carácter es algo natural al ser humano, porque es natural su vida social y solo mediante su relación social con otros individuos se puede formar al hombre.

Para Aristóteles, la experiencia es fuente del conocimiento a través de las actividades y su contexto con la naturaleza (expresión sensible). Tuvo como maestro a Platón.

Libros: *Sobre el ahora, El arte de innovar, Tratados breves de historia natural.*

«La amistad es un alma que habita en dos cuerpos; un corazón que habita en dos almas».
«Educar la mente sin educar el corazón no es educar en absoluto».

15. Arthur Benton (EE. UU., 1909-2006), neuropsicó-logo y profesor norteamericano.

Se graduó en la Universidad de Columbia como psicólogo y trabajó en el Departamento de Psiquiatría del Hospital de Nueva York.

Como profesor, dio clase de psicología clínica, así como de neurología y neurología del comportamiento. Supervisó muchas tesis y másteres de estudiantes universitarios en su área de trabajo y estudio: la psicología.

Obtuvo muchos premios y distinciones del campo médico y científico por sus aportes a la psicología clínica. Uno de sus aportes fue el Test de Retención Visual, que permite realizar una prueba psicológica a un paciente para evaluar el deterioro cognitivo por enfermedades neurológicas. Esta prueba es para obtener información y para conocer si un paciente ha tenido pérdida o disminución de su capacidad cognitiva y la memoria visual. Este estudio también busca obtener información para determinar la capacidad visoconstructiva, que consiste en cómo una persona debe desarrollar, planificar y ejecutar los movimientos para controlar la dimensión tiempo y espacio físico.

El Test de Benton también ha permitido estudiar los problemas de lectoescritura, problemas de aprendizaje no verbal, daño cerebral traumático o trastornos por déficit de atención y algunas formas de demencia. Con este *test* se puede determinar posibles daños cognitivos, lesiones cerebrales y/o algunas enfermedades mentales.

Libros: *Introducción a la neuropsicología* (1971), *Test de retención visual*.

16. Begoña Ibarrola (España, 1954-actualidad), licenciada en Psicología y escritora

Divulgadora y experta en Inteligencia Emocional, Inteligencias Múltiples y Musicoterapia. Formadora de maestros y profesores. Charlas a las familias y en empresas.

Escribe en su teoría que «las emociones son guardianas del aprendizaje, porque son las responsables de la memoria». Las investigaciones sobre los procesos de aprendizaje señalan que la emoción y la cognición son inseparables. Sin emoción no hay aprendizaje. Este vínculo estrecho emoción-aprendizaje es, entre otras razones, porque influyen en la capacidad de razonar, en la memoria, la toma de decisiones y la actitud para aprender.

Las emociones establecen una fuerte influencia en el aprendizaje, ya que busca el logro de objetivos, alcanzar metas, resolver problemas en el entorno educativo, por la presencia de las emociones.

Begoña Ibarrola expone cinco pilares fundamentales en la inteligencia emocional:

1. La conciencia de uno mismo
2. La motivación personal

3. Autocontrol
4. La empatía
5. Capacidad de relación social

Inteligencia emocional en el aula de clase, estrategias:

a. Autoconocimiento y autoconciencia: tanto de los alumnos como de los profesores. Expresar sus sentimientos y emociones.
b. Identifica y valora que la persona que está tratando (alumno o educador) es importante.
c. Autocontrol y autodominio: no siempre se puede tener lo que se quiere. Ser realista y objetivo.
d. No dejarse llevar por las emociones: reflexionar sobre un acontecimiento determinado y luego actuar de forma razonada.
e. Hay que tener capacidad de automotivarse y luego motivar a los demás. Esto va con el optimismo y autoestima.

Libros: *Cuentos para sentir: educar las emociones* (2003), *El club de los valientes* (2008), *El taller de las emociones* (2023), *Cuentos para educar niños felices* (2010).

17. Camillo Golgi (Italia, 1843-1926), médico, histólogo y patólogo

Investigó el método de tinción celular a base de cromato de plata para descubrir las funciones de las neuronas, que llamó Reacción negra y luego se llamó Tinción de Golgi.

Fue galardonado con el Premio Nobel de Medicina en 1906 con su colega Santiago Ramón y Cajal. Cada uno tuvo su investigación y teorías sobre el sistema nervioso. Su estudio estableció que las neuronas estaban «conectadas» a través de la sinapsis de sus prolongaciones (axón) que se extienden por todo el sistema nervioso.

En 1876, en su investigación sobre las células nerviosas, logró probar la existencia de una red irregular de fibras, cavidad y gránulos que luego se llamarían «aparato de Golgi», que son esenciales en la célula para la construcción de las membranas, ya que modifican las proteínas de las células. Entre 1815 y 1893 se dedicó a investigar sobre el paludismo.

Camillo Golgi caracterizó dos tipos de células nerviosas fundamentales que hoy todavía llevan su nombre. Su trabajo fue fundamental para la biología celular e investigación biomédica.

Escribió, entre otros libros, *La biología celular y molecular* (s/f).

18. Carl Gustav Jung (Suiza, 1875-1961), médico, psiquiatra y psicólogo

Aportó con su trabajo al psicoanálisis, del cual fue pionero. También fundó la escuela de psicología analítica que estudia los procesos inconscientes de la mente humana. Su metodología de estudio también fue influenciada por la antropología (estudio de la humanidad y su evolución), la interpretación de los sueños (onírica), la filosofía (interpretación de la vida, moral, ética, ideas y actitudes) y la sociología (el estudio de las sociedades humanas o población). Además, estuvo influenciado por pensadores como Sigmund Freud, Immanuel Kant y Abraham Maslow, entre otros.

Para Jung, la psicología analítica es lograr la unión entre el inconsciente y el consciente. Expresó que «no existe ninguna terapéutica que fuera válida para todos los individuos». La parte importante del inconsciente no nace de la vida cotidiana de un individuo, sino del pasado colectivo del inconsciente de la existencia humana.

Libros: *Los arquetipos y lo inconsciente colectivo* (1959), *Recuerdos, sueños y pensamientos* (1961), *Psicología y alquimia* (1944).

> «Todo lo que nos irrita de otros nos lleva a un entendimiento de nosotros mismos».
> «La vida no puede ser feliz sin un poco de oscuridad».
> «Pensar es difícil, por eso mucha gente juzga».

19. Carl Rogers (EE. UU., 1902-1987), psicólogo

Estudió en la Universidad de Wisconsin, Madison, y Columbia University. Fue influenciado por John Dewey, Otto Ronk y otros. Inició junto a Abraham Maslow el enfoque humanista de la Psicología. En 1982 fue considerado uno de los mejores psicoterapeutas del siglo XX, por delante de Albert Ellis y Sigmund Freud.

La teoría del «yo» de Carl Rogers se considera existencialmente humanista y fenomenológica. Se basa fundamentalmente en la Teoría de la personalidad. Su teoría se basa, entre otras cosas, en:

1. Todos los individuos existen en un mundo de constante cambio del cual son el centro.

2. El organismo experimenta y percibe toda la realidad que le rodea.
3. El organismo reacciona ante toda su realidad.
4. En su influencia con su «realidad», todo individuo forma su estructura del «yo».
5. La conducta de todo individuo va dirigida a lograr sus objetivos de satisfacer sus necesidades básicas.

La teoría de la personalidad de Rogers se centra en que todo individuo tiene la libertad de tomar el rumbo que quiera en la vida. Así como centrar sus actividades en lo que quiere buscar: objetivos y metas en su desarrollo personal para formar su carácter y modo de ser. Su trabajo revolucionó la psicoterapia y tuvo un impacto duradero en el desarrollo personal, en el liderazgo social y la educación.

Libros: *El proceso de convertirse en persona* (1961), *El comienzo del ser, Psicoterapia y relaciones humanas* (1954), *Teoría y práctica de la terapia, Libertad para aprender* (1969), *El poder de la persona* (1977).

«La verdadera felicidad está en aceptarse uno mismo y entrar en contacto con uno mismo».
«Lo único que sé es que cualquier persona que quiera puede mejorar su bienestar».
«El hombre que se educa es aquel que aprende a aprender».

20. Carl Wernicke (Polonia, 1848-Alemania, 1905), neurólogo y psiquiatra

Estudió e investigó sobre las alteraciones del lenguaje y el habla (la afasia) que se originan en un daño específico de una zona posterior del hemisferio izquierdo del cerebro. Fue profesor en la Universidad de Breslavia (Alemania).

La afasia es un trastorno del lenguaje que hace que se dificulte leer, escribir y expresar lo que se quiere decir. Las personas con afasia pueden hablar en oraciones largas y completas sin sentido, añadiendo palabras rebuscadas e innecesarias. Es decir, es un lenguaje fluido y bien articulado, pero está lleno de parafasias y neologismos. Creó muchos conceptos y términos médicos dentro del campo de la psiquiatría, como: capacidad de fijación, perplejidad, delirio de explicación, alucinosis, presbiofrenia, entre otros.

Libros: *Neuropsicología del lenguaje. El complejo sintomático afásico: un estudio psicológico a partir de una base anatómica* (1874), *Enfermedades cerebrales* (1883).

21. Célestin Freinet (Francia, 1896-1966), maestro y pedagogo

Su teoría se centró en que la escuela y la sociedad deben entregar a los niños los recursos necesarios para que desarrollen su pensamiento crítico de todo lo que les rodea, para que les permita desarrollar un aprendizaje autónomo e independiente para su autoformación y capacitación. La idea es colocar al alumno en el centro de la enseñanza con una participación activa.

Freinet señala que la edad infantil es ideal para explotar el descubrimiento a través de la motivación, y la curiosidad es el principal interés de los niños. El maestro o docente debe ser para el niño un guía que lo acompañe en su descubrimiento de las cosas, que le ofrezca un clima de respeto y confianza, para que el aprendizaje sea posible, con los recursos necesarios, para que cada estudiante pueda avanzar a su propio ritmo.

Para que los alumnos desarrollen sus diversas capacidades, este autor propone que se utilice: el texto libre, la asamblea de alumnos, la conferencia y la correspondencia interescolar, que les va a ayudar a desarrollar su autoestima y autorrealización. Estableció el Método Freinet, que consiste en:

1. El estudiante debe ser el protagonista de su aprendizaje.
2. Los estudiantes deben ser libres para descubrir el mundo que les rodea.
3. Los estudiantes deben trabajar en equipo para fomentar la cooperación y la solidaridad.

Libros: *El texto libre, Técnicas Freinet de la escuela moderna* (1964), *La educación por el trabajo* (1947).

«La escuela no debe desinteresarse de la función moral y cívica de los niños y niñas, pues su formación no es solo necesaria sino imprescindible, ya que sin ella no puede haber una formación auténticamente humana».

«La educación debe ser una aventura, no una rutina».

22. Charles Darwin (Reino Unido, 1809-1882), naturalista y científico británico

Propuso la evolución biológica a través de su máxima obra, *El origen de las especies*, publicada después de veinte años de investigación y de viajes exploradores. Sus estudios abarcan varias disciplinas, entre las cuales destacan la biología, la paleontología, geología, botánica, flora y fauna que recolectó en sus viajes entre 1831-1836 a bordo del buque HMS Beagle alrededor del mundo.

Su teoría plantea que los animales de una misma especie compiten entre sí por comida, refugio y capacidad de reproducirse, y que solo los más aptos se adaptan más rápido a su entorno y son los que sobreviven.

Indica Darwin que las especies se transforman con el tiempo y que las nuevas especies provienen de otras ya existentes en su ancestro común. Cada especie tiene un propio conjunto de diferencias, gracias a la genética de cada una.

Su teoría de la evolución mediante selección natural no fue reconocida al principio cuando la presentó a la sociedad científica. No fue hasta 1930 cuando se aceptaron sus escritos, los cuales constituyen la base de la síntesis evolutiva moderna. En 1880, ya bastante enfermo, se declaró ateo o no creyente de la Biblia, pero en su lecho de muerte en 1882 había vuelto al cristianismo.

Su teoría sentó las bases de la biología moderna y sigue siendo fundamental en la ciencia actual.

Libros: *El origen de las especies* (1859), *El origen del hombre* (1871), *La vida de Erasmus* (1879).

«Yo no soy apto para seguir ciegamente el ejemplo de otros hombres».
«Es siempre recomendable percibir claramente nuestra ignorancia».

23. Charles Sherrington (Reino Unido, 1857-1952), médico neurofisiólogo

Fue Premio Nobel de Medicina en 1932 por sus trabajos e investigación sobre la neurofisiología y las funciones del córtex cerebral. Se le considera el padre de la neurociencia actual. Fue profesor de la Universidad de Liverpool, de Londres y de Oxford.

Entre sus obras más destacadas están *La acción integrada del sistema nervioso* (1906), *La actividad refleja de la médula espinal* (1932), *El cerebro y sus mecanismos* (1933), *El hombre sabe su naturaleza* (1937).

Dentro de sus descubrimientos está «la función integradora del sistema nervioso» y su importancia sobre los neurotransmisores excitadores e inhibidores. Estudió la sinapsis descubierta por el científico Ramón y Cajal, que es la conexión entre dos neuronas.

La sensibilidad, según Sherrington, se clasifica en: interoceptivo, cómo se siente uno mismo; reflexógenos, que son inconscientes; propioceptivos, es la posición y el equilibrio que una persona debe tener. Otros aportes de este científico fueron su investigación sobre los reflejos, la comunicación entre las neuronas (sinapsis) y la función de la médula espinal.

Libros: *Hombre versus naturaleza, La naturaleza de lo mental.*

«¿Para qué tengo yo un cuerpo? Para poder mediar entre él y otras mentes».

24. Christopher Peterson (EE. UU., 1950-2012), profesor de Psicología

Estudió en la Universidad de Pensilvania y fue profesor en la Universidad de Michigan. Fue uno de los investigadores y divulgadores de la psicología positiva. Fue el creador del concepto «fortalezas personales del carácter». Según este autor, la psicología positiva se resume en tres palabras: «Los demás importan».

Se destacó por el estudio del optimismo, la salud, el carácter, el bienestar de toda persona. Publicó más de 300 estudios académicos. Tuvo muchos reconocimientos por su trabajo. En 2010 ganó el premio Golden Apple como el mejor profesor en la enseñanza de la psicología positiva por la Universidad de Michigan (EE. UU.).

Para Peterson, todo lo que contribuye a establecer y restaurar relaciones positivas entre las personas va a influenciar en su felicidad. Este autor trabajó con Martin Seligman (psicólogo norteamericano) y establecieron que las fortalezas personales pueden clasificarse en seis grandes áreas:

1. Conocimiento y sabiduría: conocer y aplicar creatividad y aprendizaje.
2. Humanidad: preocuparnos por los demás. Bondad, sociedad.
3. Justicia: por una sociedad equitativa. Equidad, liderazgo.
4. Coraje: impulso para lograr los objetivos. Valentía, perseverancia.

5. Templanza: autocontrol y disciplina. Humildad, prudencia.
6. Trascendencia: encontrar un propósito de vida. Optimismo, gratitud, sentido del humor.

Libros: *Manual de virtudes y fortalezas del carácter* (2004), *Qué es la psicología positiva* (2006), *Buena vida: 100 reflexiones sobre la psicología positiva.*

«Una buena pregunta puede ser más poderosa que una respuesta correcta».

«La búsqueda de sentido y compromiso es mejor predictora de satisfacción que la búsqueda de placer».

25. Claude Lévi-Strauss (Bélgica, 1908-2009), antropólogo, filósofo y etnólogo que estudió en la Universidad de París (Francia)

En su teoría, «para conocer una sociedad hay que fijarse en las estructuras mentales de los individuos que componen esa sociedad», llamado también pensamiento colectivo, y donde la estructura de una sociedad empieza por el pensamiento individual.

Señala Lévi-Strauss que el ser humano surgió gracias a la cultura (todo lo dado en su evolución histórica) y se entiende mediante la oposición entre naturaleza y cultura, establecidos mediante el parentesco. Se le considera el padre del estructuralismo antropológico.

Sus aportes más importantes fueron:

1. Una antropología estructural que estudia las sociedades humanas, la familia, la religión y la política.

2. Análisis de los mitos de las diferentes culturas las cuales considera que obedecen a una estructura y patrones culturales.
3. Una condición fundamental de las sociedades humanas es la oposición entre su naturaleza y su cultura.
4. Argumenta que el desarrollo de las sociedades humanas no fue lineal, sino bastante complejo.

Libros: *Tristes trópicos* (1955), *El pensamiento salvaje* (1962), *Las estructuras elementales del parentesco* (1949), *Mitos y significados* (1970).

«El mundo empezó sin el hombre y acabará sin él».
«La lengua es una razón humana que tiene sus razones y que el hombre no conoce».

26. Daniel Goleman (California, EE. UU., 1946-actualidad), periodista, psicólogo y divulgador

Estudió en la Universidad de Amherst, Massachusetts, y en la Universidad de Harvard (EE. UU.). Sus padres eran profesores universitarios de psicología y humanidades. Goleman fue quien postuló y se hizo famoso con los escritos e investigaciones de Peter Salovey y John D. Mayer, cuando publicó su libro *Inteligencia emocional*. Goleman sostiene que las competencias esenciales son dos: intrapersonales (con nosotros mismos) y las interpersonales (las relaciones sociales con los demás, nuestro entorno).

Para él, la inteligencia emocional radica en cinco factores:

1. Autoconsciencia: conócete a ti mismo.
2. Autorregulación: tener el control de tus emociones.
3. Motivación: propia intrínseca y automotivación.
4. Empatía: entender a los demás sin dejarte llevar por la situación, reconocer las emociones de los demás.
5. Habilidad social: saber escuchar sin opinar y sin juzgar, participar en tu entorno social.

En su libro *Inteligencia emocional* establece ocho tipos de inteligencias, que son:

- Inteligencia lingüística: lectura, escritura, oratoria.
- Inteligencia lógico-matemática: resolución de problemas, lógica.
- Inteligencia visual y espacial: dibujo, pinturas, gráficas.
- Inteligencia musical: canto, baile, músicas, poesías.
- Inteligencia corporal kinestésica: movimientos del cuerpo.
- Inteligencia naturalista: flora, fauna, conservacionista.
- Inteligencia interpersonal: relaciones sociales, grupo, líder.
- Inteligencia intrapersonal: conocerse a sí mismo, autoestima.

Su libro *Inteligencia emocional*, publicado en 1995, fue todo un éxito a nivel mundial.

«No permitas que el ruido de las opiniones ajenas silencie tu voz interior. Y, lo que es más importante, ten el coraje de hacer lo que te dicten tu corazón y tu intuición.

De algún modo, ya sabes aquello en lo que realmente quieres convertirte».

27. Daniel Kahneman (Tel Aviv, Israel, 1934–Suiza, 2024), psicólogo

Realizó su trabajo de investigación sobre la psicología del juicio y la toma de decisiones.

Recibió el Premio Nobel de Economía en 2002 (sin ser economista) por su contribución vinculada a la economía con la psicología. Aplicó la psicología cognitiva al análisis económico, asentando las bases para el estudio de la economía del comportamiento.

Su Teoría de la prospectiva es cuando las personas toman decisiones bajo incertidumbre que se apartan a los principios básicos de probabilidad, es decir, toman una decisión que es poco probable que sea buena. También identificó los sesgos cognitivos que afectan la toma de decisiones, como el sesgo de confirmación o sesgo de disponibilidad.

Para Kahneman existían dos formas de pensamiento: el Sistema 1 (cerebro emocional) y el Sistema 2 (cerebro racional). El primero es rápido e intuitivo, y el segundo, lento y reflexivo. Estas formas de pensar de una persona que toma atajos o caminos poco conocidos lo conducen a equivocaciones que van en contra de sus propios intereses.

La mente utiliza dos formas para crear el pensamiento:

1. Rápido, automático, emocional y que surge del subconsciente, que no se preocupa por buscar.

2. El pensamiento lógico, lento, calculador, racional y consciente que nos puede llevar a tomar una buena decisión.

Libros: *Pensar rápido, pensar despacio* (2011), *Atención y esfuerzo* (1973), *Ruido: un fallo en el juicio humano* (coautor, 2021).

«La única cosa que realmente puedes controlar es tu atención».

«La vida de un ser humano ha de ser, en parte, una búsqueda de significados».

«La riqueza viene de la inversión en la propia educación, no de los bienes materiales».

28. David A. Sousa (EE. UU.), neuroeducador norteamericano

Es un neuroeducador, licenciado en química por la Universidad de Bridgewater en Massachusetts, EE. UU. Tiene una maestría en docencia por la Universidad de Harvard y un doctorado en Educación por la Universidad de Rutgers.

Su trayectoria educativa abarca todos los niveles del sistema educativo. Ha participado en muchos congresos, talleres, conferencias y exposiciones sobre la investigación cerebral, habilidades de enseñanza, desarrollo personal y formación científica en el campo de la neurociencia, tanto en EE. UU. como en Europa, Australia y Asia.

Sus estudios e investigaciones científicas sobre la neurociencia cognitiva establecen lineamientos de cómo funciona el cerebro para ayudar en los procesos de aprendizaje.

Señala: «Todos los maestros deben conocer cómo funciona y cómo aprende el cerebro de los alumnos». Además: «Todos los profesionales de la educación deberían estudiar y aprender sobre la neurociencia».

El aprendizaje está ubicado en todo el cerebro, pero en la parte frontal (lóbulo frontal) se especializa en la toma de decisiones, responsable de la atención, la memoria y la resolución de problemas. Mientras que en el cerebro límbico se procesan las emociones, y sin emociones no hay aprendizaje.

La neurociencia educativa o neuroeducación ayuda a los maestros y profesores a estudiar diversas maneras de abordar el aprendizaje y la enseñanza de los alumnos y estudiantes.

Libros: *Cómo aprende el cerebro* (2019), *Neurociencia educativa* (2015), *Diferenciación del cerebro* (2010).

«Es más probable recordar algo nuevo cuando conecta con las emociones».

«Cuanto más sepan los docentes sobre cómo aprende el cerebro, más éxito tendrán en la enseñanza».

«La neurociencia educativa ayuda a los maestros a entender diversas maneras de abordar el aprendizaje».

29. David Bueno i Torrens (España, 1965-actualidad), doctor en Biología

Profesor de la Universidad de Barcelona, España, y de la de Oxford, Reino Unido. Investigador de la neurociencia y su relación con el aprendizaje, la educación y el comportamiento humano.

Es un divulgador científico, obtuvo el premio europeo por su trabajo en 2010. Ha escrito muchos artículos científicos en periódicos y revistas, así como la publicación de varios libros, entre los que se encuentran: *Educa tu cerebro: aprende cómo funciona y cómo optimizarlo para disfrutar de una vida más plena*, *Educar a través de la sorpresa*, *El cerebro del adolescente* (2022), *Neurociencia para educadores* (2017).

«El niño debe tener tiempo para jugar libremente».

«Una educación basada en la confianza transmite las ganas de continuar aprendiendo a lo largo de toda la vida».

30. David Wechsler (Rumanía, 1896–EE. UU., 1981), psicólogo

Desarrolló un *test* de inteligencia que fue utilizado por mucho tiempo y en diversos ámbitos educativos y sociales como programas de estudio, sobre todo en hospitales.

Su tesis sobre la inteligencia estaba basada en que «la inteligencia es una capacidad global que tienen los individuos para actuar de manera intencionada, pensar socialmente y adaptarse al medio». Esta tesis mide las capacidades intelectuales en cada persona, así como la organización jerárquica de la capacitación cognitiva, sus aptitudes y habilidades ante su activación social. Habilidades intelectuales que representan comunicación verbal y razonamiento perceptivo (capacidad de interpretar, analizar y comprender la información visual y espacial).

Sus aportes para medir el nivel de inteligencia condujeron al *test* para medir el coeficiente intelectual (también llamado IQ), que lleva a evaluar: habilidades cognitivas, razonamiento, lógica y comprensión verbal, memoria y velocidad de respuesta al *test*.

Libros: *Escala de inteligencia para niños, Escala de inteligencia, manual de aplicación y corrección.*

«La inteligencia es básicamente una capacidad global multidimensional que debería medirse como una habilidad de desempeño apropiada para la edad».

31. Donald Hebb (Canadá, 1904-1985), psicólogo, neurocientífico y catedrático

Es considerado el padre de la neuropsicología y las redes neuronales. Estudió en la Universidad de Harvard. Ha recibido varios premios nacionales e internacionales por su trabajo científico.

Su teoría establece que los estudios, aprendizajes y conocimientos que llegan al cerebro activan diferentes grupos de neuronas y, cuando pasa esto, las conexiones internas y entre los grupos de neuronas se refuerzan a través de la sinapsis.

Donald Hebb describe una función básica en la plasticidad cerebral cuando el valor de conexión entre dos neuronas es una sinapsis («unión» o «contacto»), se activan y repiten varias veces ese contexto de forma simultánea, lo cual fortalece el aprendizaje. Logró fusionar su trabajo de investigación con la psicología y la neurociencia, en su obra fundamental, *La organización del comportamiento: una perspectiva neuropsicológica*, publicada en 1949.

El aprendizaje, para este autor, explica cómo las neuronas se adaptan y forman conexiones (sinapsis) más fuertes a través del uso repetido del estudio, lectura y conocimientos adquiridos en el proceso de formación educativa. Cada vez que viene un recuerdo a la memoria o se repite una acción o tarea, las vías neuronales involucradas se vuelven más fuertes e indican que se activan juntos, lo que hace que esos recuerdos sean más fáciles de reproducir en la memoria.

Libros: *La organización de la conducta: una teoría neuropsicológica* (1949), *Libro de texto de la psicología* (1972), *El sistema nervioso conceptual* (1972).

32. Edouard Claparede (Suiza, 1873-1940), pedagogo, neurólogo y psicólogo infantil

Profesor universitario y médico. Su concepto de educación partía de que esta debe ser funcional y centrarse en actividades que satisfagan la necesidad del estudiante. La educación debe preparar al individuo para la vida.

Este autor propone una concepción de la educación activa, la cual debe tener una función psicobiológica, que serán las leyes generales de la conducta humana.

Esta es la teoría de E. Claparede sobre la educación funcional, donde propone lograr la eficiencia educativa, en contraposición al memorismo y la pasividad del alumno.

Fue coautor de los *Archivos de Psicología,* primera publicación especializada en esta área, publicada en Francia. En este autor, el juego de los niños se convierte en un refugio para hacer lo que los adultos no les permiten hacer.

Libros: *Asociación de las ideas* (1902), *Esquema de una teoría biológica del sueño* (1905), *Psicología del niño y la pedagogía* (1905), *Psicología de la inteligencia* (1917).

«La escuela es vida y, en cuanto tal, es preparación para la vida individual y social».

«El juego excita el esfuerzo del niño, estimula al máximo su actividad; este es el punto de partida de la educación».

33. Eduardo Calixto (México, 1969-actualidad), médico cirujano y doctor en Neurociencia en la Universidad Autónoma de México

Realizó un doctorado en la Universidad de Pittsburg (EE. UU.) sobre la fisiología del cerebro.

En su carrera como neurocientífico ha investigado, entre otros temas, las neuronas, los neurotransmisores, las hormonas del cuerpo humano, la adicción a las drogas, la ansiedad, la depresión y la conducta sexual.

Ha escrito más de una decena de libros; es articulista en varias revistas médicas y publicaciones científicas, donde expone temas como «el cerebro del hombre», «el cerebro de la mujer», los celos, el comportamiento tóxico, la conducta social, entre otros temas. Además, tiene una participación activa en las redes sociales, donde tiene miles de seguidores.

Libros: *Un clavado a tu cerebro* (2017), *Amor y desamor en el cerebro* (2018), *El perfecto cerebro imperfecto* (2020), *100 lecciones de Neurociencias* (2024).

«El secreto de la felicidad: tener nuevas expectativas, llorar cuando lo necesites, reír lo que más puedas, dejar que la vida te sorprenda y disfrutar esas ráfagas de felicidad, en lugar de intentar perseguirlas todo el tiempo».

34. Edward Thorndike (EE. UU., 1874-1949), psicólogo y pedagogo estadounidense

Se le considera el padre de la psicología conductista y realizó aportes a la psicología educativa moderna. Su principal teoría fue el aprendizaje por ensayo-error y la Ley del Efecto.

Fue alumno de William James en la Universidad de Harvard, quien lo encaminó por el estudio de la Psicología.

El ensayo y error implica que cuanto mayor sea el número de veces que se da una respuesta a un estímulo determinado, mayor será la probabilidad de estar conectados con ese estímulo y alcanzar los objetivos. Es decir, consiste en que fallar, fallar y fallar nos debe conducir a mejorar y nos conduce a lograr las metas. En pocas palabras: es buscar el éxito a través del fracaso.

La Ley del Efecto de Thorndike plantea que el aprendizaje es el resultado de la asociación entre estímulos y respuestas; es decir, ante una situación problema, se buscan varias respuestas posibles para poder alcanzar el objetivo con la respuesta más adecuada.

El psicólogo Thorndike también desarrolló la teoría del Conexionismo, que busca un correcto aprendizaje, la relación directa que se establece entre un estímulo y una respuesta que busca alcanzar los objetivos y metas en el estudio.

Libros: *Aprendizaje humano* (1913), *Psicología del aprendizaje* (1913), *Los elementos de la Psicología* (1905), *La naturaleza humana y el orden social* (1940).

«La psicología es la ciencia de los intelectuales, las personas y el comportamiento de los animales, incluido el hombre».

«La función del intelecto es proporcionar un medio para modificar nuestras reacciones a las circunstancias de la vida para que podamos asegurar el plan, el sistema de bienestar».

35. Elías Maurice (EE. UU., 1952-actualidad), psicólogo clínico

Director del laboratorio de Aprendizaje socioemocional de la Universidad de Rutgers en Nueva Jersey (EE. UU.). Autor de varios libros y un excelente orador sobre lo importante que es el aprendizaje social y emocional de los niños, jóvenes y adolescentes.

Su trabajo docente y de investigación se ha centrado en los colegios públicos y privados, para desarrollar las habilidades de los estudiantes para enfrentar «las pruebas de la vida, y no una vida de pruebas». Propone establecer una estrecha relación entre lo académico y las competencias socioemocionales para el desarrollo del carácter, prevenir el acoso, la violencia, el consumo de alcohol y drogas con una efectiva labor de autoestima, resiliencia, empatía, solidaridad y valores ciudadanos hacia toda la comunidad educativa y social. Es decir, promover el compromiso cívico de crecimiento personal para consigo mismo y su entorno.

Su programa central es «educar con inteligencia emocional» y se basa en la regla de oro: «Trata a tus hijos como te gustaría que los tratasen los demás», para lograr una educación que consiga unos niños y jóvenes sociables, felices y responsables a través de una Educación Emocional Inteligente.

Libros: *Educar con inteligencia* (1999), *Psicología comunitaria* (2000), *Aprendizaje social y emocional* (1997), *Crianza emocionalmente inteligente* (1999).

36. Elvira Perejón, educadora española, especialista en Neuroeducación y Neuropsicología

Es una profesional que trabaja las dificultades del aprendizaje. Ha sido maestra de educación infantil, por lo que también es especialista en formación infantojuvenil.

Sostiene que es mucho más fácil educar cuando los educadores entienden cómo funciona el cerebro tanto de niños como de jóvenes. Expone en su libro *Educar con cerebro* que la neurocrianza es una metodología sumamente importante, ya que une la neuroeducación y el amor incondicional de los padres del niño. Expone que el cerebro en los primeros años de vida es extraordinariamente plástico (se moldea con todo el aprendizaje del niño), capaz de adaptarse, crecer y reconfigurarse en función de las experiencias que vive en el hogar, la escuela, el parque, la comunidad, etc., que conducen —a los niños— a explorar sus habilidades y fortalezas para formarse para la vida.

La salud física, mental y emocional de los niños es clave en los 6 primeros años de vida, ya que ahí se gestiona su identidad como futuros adultos.

Libros: *Educar con cerebro* (2025), *Hábitos y herramientas de crianza y neuroeducación para crecer con salud mental y emocional.*

«Incorporar el humor al aula facilita la labor docente, porque aporta múltiples ventajas al proceso de enseñanza y aprendizaje».
«Hay que educar en crianza consciente, respetuosa y positiva».

37. Epicteto (Hierápolis, hoy Turquía, 55.–135.), filósofo

Nació como esclavo en una familia adinerada que le dio la oportunidad de estudiar. Luego de obtener su libertad, estudió filosofía y se convirtió en maestro. «¿Cuál es el resultado del aprendizaje? Únicamente la más bella cosecha de los ilustrados: tranquilidad, audacia y libertad. No deberíamos confiar en la mayoría que dice que solo las personas libres pueden ser sobrias, sino en los amantes de la sabiduría que dicen que solo los cultos pueden ser libres». Dice Epicteto: «Solo el aprendizaje nos puede hacer libres». Cuando nuestro cerebro sufre de miopía y no analiza e interpreta la realidad, no es porque tengamos mal la vista, sino también por tomar un sinfín de sesgos cognitivos equivocados que nos crea una brecha entre la realidad que vemos y la realidad que nos rodea. Todo esto ocurre porque no sabemos cómo funciona el cerebro.

Epicteto enseñó a concentrarse en lo que puedes controlar y aceptar lo que no puedes controlar.

«La felicidad y la libertad comienzan con la clara comprensión de un principio: algunos casos están bajo nuestro control y otros no».

38. Eric Jensen (Noruega, 1950-actualidad), neurocientífico

Ha impartido cursos a todo nivel desde primaria a la universidad. Expone a través de sus libros las distintas formas en que aprenden las personas y los estudiantes en particular.

Fue coautor del programa de aprendizaje compatible con el cerebro que se llevó a cabo en 14 países y contó con más de 80 000 graduados. En la actualidad, imparte cursos de formación a escala internacional.

En su investigación, hace importantes aportes sobre las bases biológicas del aprendizaje. Parte de la Neurociencia para su vinculación con la educación, con el objetivo de transformar los modelos educativos del siglo XX y actualizarlos en función de los nuevos hallazgos sobre cómo funciona el cerebro, cómo estudiar, cómo piensa y cómo aprende.

Destaca las características morfofisiológicas (estructura anatómica en sus aspectos macroscópicos, microscópicos y molecular) del cerebro y las diferentes funciones en cada una de sus partes.

Jensen resalta que, a través de aprendizajes nuevos, la resolución de diferentes problemas implica el establecimiento de nuevas conexiones neuronales (sinapsis), que son la base neurofisiológica del aprendizaje y la clave para ser más inteligente.

Este neurocientífico le da mucha importancia al rol del docente-maestro para que enseñe «a pensar» a sus alumnos, para que conozcan su cerebro y lo pongan en funcionamiento para el aprendizaje educativo y emocional.

Algunos de sus aportes fueron:

- Sobre la neurociencia y educación
- Aprendizaje basado en el cerebro
- Enseñanza efectiva para aprender

Libros: *Aprendizaje basado en el cerebro* (1995), *Enseñar con el cerebro en la mente* (1998), *Alumnos pobres, enseñanza rica* (2016), *Enseñar con pobreza y equidad* (2022).

«No hay separación entre la mente y las emociones; las emociones, el pensamiento y el aprendizaje están todos vinculados».

«Me encantaba aprender, pero no ir a la escuela; faltaba a la escuela para ir a aprender algo».

39. Eric Kandel (Austria, 1929–actualidad), neuro-científico

Vive en EE. UU., donde ha desarrollado su carrera científica. Es un especialista en neurociencia, bioquímica y neurofisiología. Obtuvo el Premio Nobel de Medicina en el año 2000 por su trabajo sobre las células y moléculas que tienen que ver con el aprendizaje y la memoria. Su trabajo lo ha llevado a definir a la Neurociencia como la ciencia que da respuestas a la conducta humana a través de millones de células que tiene el cerebro y que están influenciadas por el medio ambiente. E. Kandel es un experto en la biología de la memoria; clasificó a los distintos tipos de memoria, memoria implícita y memoria explícita[1]. Para él, el cerebro aprende con los cambios; las cosas nuevas que vive una persona, lo desconocido excita la producción de nuevas redes neuronales que conducen al aprendizaje.

Este científico explica cómo la Neurociencia estudia el funcionamiento del sistema nervioso central (SNC) para producir y regular las emociones, pensamientos, conductas y funciones corporales básicas, que son involuntarias, pero que regula el cerebro, como la respiración, los latidos del corazón, la digestión, entre otras funciones.

El científico E. Kandel ha recibido varios premios durante su carrera, como el Premio Nacional en Ciencias Biológicas 1988, la Condecoración Austriaca de las Ciencias 2005 y el Premio Wolf en Medicina 1999.

Libros: *En busca de la memoria: el nacimiento de una nueva ciencia de la mente* (2006), *Principios de Neurociencia* (2014), *Neurociencia y conducta* (1996), *La nueva biología de la mente: qué nos dicen los trastornos cerebrales sobre nosotros mismos* (2019).

---

[1] Nota del autor: La memoria implícita es un tipo de memoria que almacena información de forma inconsciente y automática sin necesidad de recuerdos conscientes. Ejemplo: manejar una bicicleta o un coche, atarse los cordones del calzado, etc.
Mientras que la memoria explícita es la recolección consciente e intencional de información y experiencias previas. Cumpleaños o sucesos que ocurrieron y dejan huella en la memoria.

40. Erich Fromm (Alemania, 1900-1980), filósofo humanista judío, psicólogo social.

Se destacó sobre todo por el psicoanálisis. Reconocido profesor de la Universidad de Columbia, Universidad de Míchigan, Universidad Autónoma de México y de la Universidad de Nueva York (1962-1974).

Erich Fromm fue uno de los principales renovadores de la teoría y la práctica psicoanalítica del siglo XX.

Su teoría se fundamenta en que el hombre es actor de su propia realización para conseguir una libertad. El desarrollo del hombre se da para integrarlo en lo productivo, la formación intelectual, emocional y sensorial para realizar una propia vida.

En su aporte como psicólogo, Erich Fromm escribió un libro que se llama *El arte de amar,* que dentro del psicoanálisis señala lo importante que son los factores sociales y políticos para el comportamiento humano.

Para Fromm existen cinco necesidades básicas en el ser humano, las cuales son afinidad, amor, trascendencia, sentido de identidad y marco de orientación.

Libros: *El arte de amar* (1956), *El corazón del hombre* (1964), *¿Tener o ser?* (1976), *Anatomía de la destructividad humana* (1973), *El miedo a la libertad* (1941).

«La felicidad no es un éxtasis momentáneo, sino el resplandor que acompaña al ser».

«Tener fe significa arriesgarse, pensar lo imposible y, sin embargo, actuar dentro de los límites verídicamente posibles».

41. Estanislao Bachrach (Argentina, 1971-actualidad), especialista en Neurociencias, doctor en Biología

Estudió en la Universidad de Buenos Aires y se graduó en Biología Molecular. Es especialista en neurociencias y tiene vínculos con la meditación para aplacar el cerebro. Tiene especializaciones en liderazgo, innovación y cambio, y maestrías en dirección de empresas. Enseñó e investigó en la Universidad de Harvard, donde trabajó durante cinco años.

Publicó muchos trabajos científicos sobre temas de neurociencias, creatividad, innovación, trabajo en equipo e inteligencia emocional. En el año 2014 entró al libro *Guinness de Récords* al dirigir en la ciudad de Rosario, Argentina, el *BrainStorming* (Reunión Creativa) más grande del mundo. También ha sido coach deportivo de alto rendimiento.

Su teoría establece que «los pensamientos son herramientas para hacerte sentir mal o bien, para cambiar y hacerte sentir mejor».

Para cambiar tus pensamientos, tienes que «aprender a pensar». Los pensamientos inoportunos o tóxicos afectan la forma de vida de una persona. Pensamiento, emociones y comportamiento están interrelacionados (interconectados) permanentemente en nuestro cerebro.

Este investigador señala que de los 56 000 pensamientos que tenemos al día, solo un 20 % son racionales (cerebro racional), mientras que un 80 % son propios del cerebro emocional.

Libros: *Ágilmente: aprende cómo funciona tu cerebro para potenciar tu creatividad y vivir mejor* (2012), *EnCambio: aprende a modificar tu*

63

cerebro para cambiar tu vida y sentirte mejor (2014), *Zensorialmente: deja que tu cuerpo sea tu cerebro* (2023).

«Del cuerpo al cerebro hay nueve veces más influencia que del cerebro al cuerpo».

«Somos seres emocionales que aprendimos a pensar, no máquinas pensantes que aprendemos a sentir».

«Uno de los mecanismos que tenemos para sentirnos mejor cuando no podemos cambiar el contexto es pensar diferente, interpretar la situación de una manera distinta».

42. Facundo Manes (Argentina, 1969–actualidad), médico neurólogo

Neurocientífico dedicado al estudio del cerebro. Fundador del Instituto de Neurología Cognitiva (INECO), fue rector de la Universidad Favaloro de la ciudad de Buenos Aires.

Es investigador principal del Consejo Nacional de Investigaciones Científicas y Técnicas de Argentina. Fue profesor de neuroanatomía en la Universidad de Iowa, EE. UU. Estudió un doctorado en la Universidad de Cambridge, Inglaterra.

En su teoría, expone que la Neurociencia es el estudio de la organización y funcionamiento del sistema nervioso y cómo interactúan para originar la conducta de los seres humanos.

Este autor, como experto en salud mental, propone sobrellevar la incertidumbre y el aislamiento social con la creación de una rutina diaria de estudio, lectura, descanso y ejercicios físicos. Le da mucha importancia a la responsabilidad del individuo y su compromiso solidario dentro de los colectivos sociales. Como neurólogo, cataloga al sueño como un acto de recuperación del proceso cognitivo.

Cuando el cerebro no hace nada, trabaja mucho; por eso no está mal aburrirse. En el cerebro hay una red neuronal que se llama «red neuronal por defecto» para conectar áreas del cerebro que no estaban conectadas (sinapsis neuronal) y pensamientos que no están conectados cuando no hacemos nada, expone el Dr. Manes (ver: *Aprender juntos 2030*, BBVA, YouTube).

Facundo Manes escribe seis consejos para cuidar la salud del cerebro:

1. Tener un propósito en la vida. Metas y proyectos.
2. Tener muchos vínculos sociales. Amigos.
3. Mantener un estado de *flow*, sensación de fluidez entre el cuerpo, la mente y el alma.
4. Ser altruista. El altruismo (procurar el bien ajeno aun a costa del propio), activa los circuitos de recompensa del cerebro.
5. Realizar ejercicios físicos. Actividades físicas de forma regular.
6. Tener una alimentación balanceada.

Ha escrito varios libros, entre los que se encuentran *Tratado de Neuropsicología*, *Usar el cerebro* (2015), *El cerebro del futuro* (2019), entre otros.

«La educación nos hace libres, mejora nuestra autoestima y es un factor de protección cerebral».

«Hay que estar preparados para equivocarse. Socialmente se estigmatiza el error, pero para crecer hay que equivocarse».

43. Ferdinand de Saussure (Ginebra, Suiza, 1857-1913), lingüista, semiológico y filósofo

Para su época, hizo grandes aportes al lenguaje, cuyas ideas sirvieron al desarrollo de la lingüística moderna del siglo xx. Se le conoce como el padre de la «lingüística estructural». Su trabajo trascendió más allá de su vida. Inspiró todo un movimiento intelectual que atrapó a pensadores como Lévi-Strauss, Roman Jakobson y Jacques Lacan, entre otros.

Saussure convirtió la lingüística en ciencia a condición de prescindir de otros elementos del lenguaje.

La teoría de Ferdinand de Saussure establece que un elemento no tiene valor; solo se relaciona con todos los elementos del sistema y donde todos los elementos son solidarios entre sí unos con otros. Además, aporta este autor que «el habla es un acto individual (del hombre) de su voluntad e inteligencia, contrario a la lengua que es social». Para la comunicación humana y social, Saussure establece el signo lingüístico compuesto por un significante y un significado. La lengua se refiere principalmente al lenguaje como fenómeno social. La palabra se refiere principalmente al habla propiamente dicha.

Libro: *Curso de lingüística general* (1916), que no publicó en vida.

«El lenguaje es un sistema de signos que expresan ideas».
«La lengua es un conjunto de reglas que determinan el uso de los signos lingüísticos».

44. Fernando Savater (España, 1947-actualidad), filósofo y escritor, profesor universitario en la Universidad Complutense de Madrid

Se destaca en el ensayo y escribe artículos en prensa y revistas. Ha publicado más de 50 libros. Propone una «ética del querer en contraposición a una ética del deber», explicando así que los seres humanos buscan de manera natural su propia felicidad y que la ética ayuda a clarificar esta voluntad.

Savater se define más como crédulo que creyente, rechaza toda imposición absoluta, así como una postura relativista. El acto de saber vivir es discernir entre lo que nos conviene y lo que no nos conviene.

El maestro es el soporte básico del cultivo de la humanidad y su labor está ligada al sentido humanista de la civilización, y que acepta las bases de todo el desarrollo intelectual de una persona que está inmersa en la sociedad. Para Savater, la felicidad se define como «lo que mueve al hombre que emplea la libertad para buscar el bien». La educación ayuda a todo individuo a llegar a su plenitud humana ante la aceptación libre de los valores éticos y morales que reconoce la sociedad como los mejores para el convivir. Un individuo con conciencia tiene una luz que ilumina la inteligencia a la hora de elegir y tomar una decisión. Son algunas de las ideas fundamentales de este filósofo español.

Libros: *Ética como amor propio* (1988), *El valor de educar* (1997), *Ética para Amador* (1991), *Historia de la filosofía sin temor ni temblor* (2002), *Los 7 pecados capitales. Una reflexión sobre la avaricia, la gula, la envidia y la ira en el marco de la actual civilización* (2005).

«La educación es la única posibilidad de una revolución sin sangre, no violenta y en profundidad de nuestra cultura y nuestros valores».

«El aprendizaje es un tesoro que se seguirá a su dueño por todas partes».

«El conocimiento es el único recurso que aumenta cuando se comparte».

45. Francesco Tonucci (Frato) (Italia, 1940–actualidad), psicólogo, pedagogo, investigador, dibujante y defensor de los derechos de los niños

Es autor de numerosos libros y dibujos sobre la niñez. Sobre la educación, opina que «los niños son diferentes así tengan la misma edad, y que el objetivo del colegio debe ser ayudarlos a descubrir sus aptitudes y vocaciones proporcionándoles las herramientas necesarias».

Tonucci plantea que todas las áreas alrededor del colegio deben ser del colegio. Deben estar cerradas al tránsito mientras haya clase (durante el horario de actividades del plantel) y convertir esas zonas aledañas en una zona ecológica para las actividades complementarias de los alumnos y profesores. La mayor cantidad de horas de clase no deben ser en un salón de clase, sino en áreas abiertas, talleres, campo, el patio, etc., para mejorar el proceso de aprendizaje. Si gozan y disfrutan de su oficio y profesión, los estudiantes y alumnos también gozarán y disfrutarán del aprendizaje para su bienestar y felicidad.

Propone cambiar el estilo y método de enseñanza; el modelo tradicional está obsoleto y caduco. La nueva enseñanza, que empieza en casa, debe enseñar a niños y jóvenes, por ejemplo, en la cocina enseñar a preparar un plato, cantidad o el peso de los ingredientes (matemáticas); debe enseñar la cocción de los alimentos, tiempo/temperatura (física-química); escribir la receta (lenguaje-ortografía-gramática); nuevas formas de enseñar, trabajos en equipo, responsabilidades, aseo, higiene, etc.

El juego es sumamente importante para el niño, ya que con esta actividad espontánea o programada y planificada, tiene la primera relación con el mundo en camino a su formación adolescente y adulta.

Libros: *La ciudad de los niños* (1996), *Con ojos de niños* (1994), *Cuando los niños dicen basta* (2003), *La educación para la vida* (1992), *El niño y el adulto: una relación para el aprendizaje* (1998).

«Todos los aprendizajes más importantes de la vida se hacen jugando».

«La enseñanza de los niños debería ser el alimento de la escuela: su risa, sus sorpresas y sus descubrimientos».

46. Francisco Mora (España, 1972-actualidad), doctor en Neurociencia

Doctor en Medicina por la Universidad de Granada y Doctor en Neurociencia por la Universidad de Oxford (Inglaterra). Actualmente es profesor de Fisiología humana en la Facultad de Medicina de la Universidad Complutense de Madrid, España.

Para este investigador, la emoción es la que enciende la curiosidad y la atención, ya que sin estos dos factores no hay aprendizaje ni memoria. En su libro sobre *La neuroeducación* se resalta el estudio del cerebro, entenderlo, conocerlo e identificar cómo funciona desde la niñez hasta la vida del adulto para sacar mayor provecho en el proceso de la enseñanza y aprendizaje en todo el ciclo de la vida. En todo su libro se expone: qué es aprender, qué es la memoria y tipos de memorias, la atención y su importancia para el aprendizaje, la motivación, educar en valores, entre muchos otros temas.

Es autor de varios libros, entre los cuales están *Neuroeducación* (2014), *Cuando el cerebro juega con las ideas* (2016), *Mitos y verdades del cerebro* (2018) y *Neuroeducación, una nueva profesión* (2022).

«Solo se puede aprender aquello que se ama».
«Sin emoción no hay curiosidad, no hay atención, no hay aprendizaje, no hay memoria».
«El cerebro solo aprende si hay emoción».

47. Friedrich Nietzsche (Alemania, 1844-1900), filósofo

Fue notable su filosofía durante el siglo xx. Defiende el perspectivismo, donde todo sujeto representa su mundo de acuerdo a sus creencias y forma de ver la vida, que puede prescindir de realidad y conocimientos previos y crear su propio mundo para caminar hacia una autonomía ética.

Nietzsche nos plantea dos tipos de moral: la moral del amo, que valora el orgullo, la fortaleza y la nobleza, y la moral del esclavo, que valora la amabilidad, gentileza y humildad que lleva toda persona. En sus escritos señaló que todos los sistemas filosóficos que buscan explicar la totalidad de las cosas se topan siempre con una insuperable barrera: la barrera de lo tangible, concreto y específico.

La concepción de Nietzsche cuando se refiere al «superhombre» es aquel sujeto que es capaz de superarse a sí mismo y a su entorno, superar sus debilidades, crear valores propios, alcanzar su máximo potencial y crear su propia personalidad.

Para alcanzar su máxima libertad de pensamiento y acción, Nietzsche expone la metáfora del camello, el león y el niño. El camello es el que se encuentra mansamente arrodillado a la ley moral, pero que aspira a algo más, a superarse y se convierte en león que se niega a obedecer a lo impuesto y busca superarse creando valores nuevos de transformación y, así, surge el niño que se libera de las cadenas y creencias infundadas e impone su amor fuerte por la vida.

Libros que escribió Friedrich Nietzsche: *Así habló Zaratustra* (1883), *Más allá del bien y del mal* (1886), *El anticristo* (1895), *Genealogía de la moral* (1887).

«Lo que distingue a las mentes verdaderamente originales no es que sean las primeras en ver algo nuevo, sino que son capaces de ver como nuevo lo que es viejo, conocido, visto y menospreciado por todos».

«La sencillez y naturalidad son el supremo y último fin de la cultura».

48. Friedrich Wilhelm August Fröbel (Alemania, 1782–1852), pedagogo

Creador de la educación preescolar y del concepto de «jardín de infancia». Estudió en la Academia de Ciencias de Gotinga, Alemania. Este autor señalaba que los niños solo aprenden mediante su desarrollo armónico y espontáneo, por lo que requieren de una educación intelectual, progresiva y armónica.

Fundó en 1840 el primer *Kindergarten*, también llamado «jardín de infancia», donde el juego tenía un papel relevante como un medio o instrumento importante para el aprendizaje. Su teoría del juego señala que los niños, a través de este recurso, muestran habilidades, destrezas y conocimientos en su desarrollo social. «El juego permite al niño pensar por sí mismo». Toma consciencia de sí mismo y del mundo que lo rodea.

El método de aprendizaje de Fröbel es natural y muy activo. Estableció programas de juegos y canciones para padres y maestros con el fin de utilizarlos en la educación y las emociones de los niños.

Libros: *La educación del hombre* (1826), *Cantos maternales* (1844).

«En el juego (el niño) su vida toma forma de libertad».
«Defiende lo que es correcto, incluso si estás solo».
«Defiende la verdad por encima de todo, te permitirá vivir mucho más tranquilo».

49. Georg Kerschensteiner (Alemania, 1854-1932), pedagogo

Estudió en la Universidad de Múnich, donde se graduó como pedagogo. Su trabajo y labor de investigación se desarrolló al comienzo del siglo XX, orientado a la formación de ciudadanos útiles a la sociedad.

Fundó escuelas para el trabajo, para el aprendizaje. Que todo individuo aprendiera a través de la experiencia y labor práctica, por ello también fue organizador de la escuela activa.

Su aporte fue, sobre todo, a la pedagogía social, donde colocaba al individuo que elabora sus propios esquemas mentales, con sentido de vida y valores. Su propuesta es estrechar la relación del individuo social con su comunidad para las mejoras de toda la sociedad.

Destaca el papel fundamental del educador social (maestros, profesores, orientadores) que deben formar individuos en conocimientos (asignaturas, materias, etc.) y en valores de solidaridad, respeto, apoyo, ética y moral por el bien de toda la sociedad.

Libros: *Concepto de la escuela del trabajo* (1912), *El alma del educador y el problema de la formación del maestro y teoría de la formación* (1921), *El problema de la educación pública* (1932).

«El camino hacia la educación pasa por el trabajo».
«Para el diligente el mundo no es mundo».
«La desesperación es la falta de confianza en Dios».

50. Gerhard Preiss (Alemania, 1935-2017), profesor y académico

Se le conoce como el «padre» de la Neuroeducación, quien en la Universidad de Friburgo (Alemania) en 1988 propuso crear una nueva asignatura que se encargara de estudiar e investigar sobre el cerebro y su influencia en la pedagogía. En principio se llamó Neurodidáctica, como una parte de la pedagogía que estudia y se apoya en el conocimiento del cerebro para mejorar nuevas estrategias de enseñanza.

Esta terminología (Neurodidáctica) se publicó por primera vez en la revista *Mente y Cerebro* (n.º 4) de fecha 2003, para explicar que la neurodidáctica debería conocer el funcionamiento del cerebro como fundamento científico para desarrollar la teoría y programas educativos. En dicho artículo, también expuso sobre la plasticidad cerebral (que es la capacidad que tiene el cerebro y el sistema nervioso para cambiar en función de los aprendizajes nuevos y las nuevas experiencias).

La Neurodidáctica busca «despertar el interés de los alumnos, intentar sorprenderlos, favorecer las habilidades de pensamiento, razonamiento y reflexión desde las propias experiencias individuales[2]».

Si el aprendizaje es un cambio en el cerebro, resulta necesario estudiar cómo funciona el cerebro para poder ser más eficientes en la enseñanza de los contenidos escolares.

---

[2]   *La promesa de una revolución silenciosa: la Neurodidáctica*, Cristina Navarro, noviembre 2017.

Libros: *Introducción a la Neuropsicología* (1996).

«La neurodidáctica es la configuración del aprendizaje de la forma que mejor encaje con el desarrollo del cerebro».

51. Giacomo Rizzolatti (Ucrania, 1937-actualidad), neurólogo italiano

Estudió Medicina en la Universidad de Padua (Italia). Descubrió las Neuronas Espejo, que impulsan en un individuo a la empatía, ya que nuestras neuronas llevan a toda persona a sentir algo por otra persona e imita las acciones de los demás y sentir las emociones de los demás (alegría, tristeza, etc.). Las neuronas espejo están relacionadas con el comportamiento instintivo de una persona en su relación social con otras personas. Las neuronas espejo son las responsables directas de la empatía humana.

Para la Neurociencia el descubrimiento de las neuronas espejo (1996) significó un gran paso por la importancia dentro de la capacidad cognitiva ligada a la vida social, a la educación y en el trabajo. Las neuronas espejo están ubicadas en la corteza del lóbulo frontal y parietal, están ligadas a las actividades motoras, sensoriales y el habla (lenguaje).

Libros: *Las neuronas espejo: los mecanismos de la empatía emocional* (2006), *Las neuronas espejo* (2008).

«La intuición es algo para lo que los humanos son realmente muy buenos».

52. Hermann von Helmholtz (Alemania, 1821–1894), médico y físico

Conocido por su investigación sobre el ojo y el oído humano y su conexión con el cerebro. Descubrió que la generación de «electricidad» de las células nerviosas (las neuronas) en el cerebro no es un producto secundario de su actividad, sino un medio para transmitir mensajes de un extremo a otro de las células a través de la sinapsis (potencial de acción) y neurotransmisores en el cerebro.

Logró medir en 1859 la velocidad de propagación de dichos mensajes y llegó a la conclusión de que se propagan a 27 metros por segundo (en otras palabras, puede alcanzar hasta 431 km/h). Fue el padre de la psicología experimental.

Descubrió el oftalmoscopio en 1851, «una ventana al cerebro» para medir la curvatura del cristalino, lo que le permitió determinar cómo cambia de diámetro para enfocar los objetos en la retina.

Libros: *Tratado de óptica fisiológica.*

53. Howard Gardner (Estados Unidos, 1943), psicólogo, investigador y profesor

En el ámbito cognitivo y educativo investigó y escribió sobre las capacidades cognitivas. Formuló la teoría de las inteligencias múltiples que implicó mejoras en los procesos educativos, la cual indica que no existe en el ser humano una sola inteligencia, que una persona puede desarrollar varios tipos de inteligencia.

Una escuela que aplique e impulse la Inteligencia Múltiple desarrolla en los niños nuevas capacidades y procesos cognitivos que desarrollan su formación en forma activa y efectiva como lo exige la educación y formación del siglo XXI.

La Teoría de las Inteligencias Múltiples, según la teoría de Howard Gardner, establece 8 tipos de inteligencia:

1. Inteligencia lingüística: lectura, escritura, oratoria…
2. Inteligencia lógico-matemática: resolución de problemas, lógica…
3. Inteligencia visual y espacial: dibujo, pinturas, gráficas…
4. Inteligencia musical: canto, baile, música, poesía…
5. Inteligencia corporal-kinestésica: movimientos del cuerpo.
6. Inteligencia naturalista: flora, fauna, conservacionista.
7. Inteligencia interpersonal: relaciones sociales, grupo, líder…
8. Inteligencia intrapersonal: conocerse a sí mismo, auto-estima.

Libros: *Inteligencias múltiples* (1993), *Una mente sintética, Estructura de la mente* (1987).

«Todo lo que vale la pena enseñar se puede presentar de muchas maneras diferentes. Estas formas múltiples pueden hacer uso de nuestras inteligencias múltiples».

54. Humberto Fernández Morán (Venezuela, 1924-Suecia, 1999), médico y científico venezolano en el campo de la Física y la Biología

Descubrió e inventó el bisturí de punta de diamante, por el cual recibió el premio Vovain en 1967. Participó en el desarrollo del microscopio electrónico.

Fue el fundador del Instituto Venezolano de Neurología e Investigaciones Cerebrales, así como del IVIC (Instituto Venezolano de Investigaciones Científicas) en el año 1956.

Estuvo como docente investigador de la Universidad de Chicago (EE. UU.), siendo uno de los científicos que trabajó en el proyecto de la NASA-Apolo.

Fuera de su país, estudió medicina en la Universidad de Múnich (Alemania), donde se graduó con las máximas notas. Fue el creador del concepto «crioultramicrotomía», técnica que realiza cortes ultrafinos de partes del cuerpo en estudio, para exámenes microscópicos.

El Dr. Fernández Morán realizó una exposición en el I Congreso Venezolano y Latinoamericano de Neurociencias (Maracaibo 1979), sobre los avances científicos en el estudio de las células y del Sistema Nervioso Central (SNC).

Obtuvo varios premios nacionales e internacionales como «Orador de la Estrella Polar» en Suecia, medalla «Claude Bernard» (Universidad de Montreal, Canadá), «Médico del año» (Universidad de Cambridge, Inglaterra). Reconocimiento por la NASA por su aporte al programa Apolo.

Fue un gran defensor de la Investigación y de la Educación de su país natal, Venezuela.

55. Ignacio Morgado (España, 1951-actualidad), psicólogo y profesor

Es profesor de la Cátedra de Psicobiología del Instituto de Neurociencia en la Facultad de Psicología de la Universidad de Barcelona, de la que es decano fundador.

Realiza investigaciones experimentales sobre la recuperación de la memoria por estimulación eléctrica cerebral.

Ha recibido varios premios (en España) y galardones internacionales (Alemania, Reino Unido y EE. UU.) por sus trabajos de investigación. Es autor de varios libros sobre psicobiología y neurociencia cognitiva.

Sostiene en sus investigaciones que la memoria se fortalece cuando se fortalecen las sinapsis, es decir, se aprende y repite el aprendizaje para que llegue y se quede en la memoria, siempre y cuando se enfoque la atención en lo estudiado o en lo que se está aprendiendo.

Este neurocientífico dice que la lectura es muy importante para los niños a nivel cognitivo «porque, además de promover el desarrollo cerebral en curso, rellena de información los sistemas de memoria y activa el razonamiento. En la lectura se involucran casi todas las áreas del cerebro».

Libros: *Cómo percibimos el mundo* (2012), *Aprender, recordar y olvidar* (2014), *Los sentidos* (2010), *Emoción e inteligencia social* (2010).

«La ciencia nos dice que no hay ideas innatas, hay predisposiciones para pensar y asociar. Nadie nace con ideas, se forman por asociación del conocimiento adquirido y nuestras percepciones y sensaciones».

«No basta ser inteligente, hay que ser sabio. El ser sabio incluye inteligencia, pero, además, experiencia, respeto, cordialidad, maneras de entender, la relación que hay entre los sentimientos y la razón».

56. Immanuel Kant (Alemania, 1724-1804), filósofo de la Ilustración

Es considerado uno de los pensadores más influyentes de la Europa Moderna y de la filosofía universal. Kant concibe la educación como un proceso de formación orientado a la construcción de una personalidad, para asumir una posición racional entre los hechos sociales y una posición autónoma para debatir los principios sobre la sociedad. La razón y la independencia de pensamiento son fundamentales en la formación educativa de una persona. Toda educación es un arte, porque las disposiciones naturales del ser no se desarrollan por sí mismas.

Para Kant, la moral es un imperativo categórico que nos obliga a actuar siempre de acuerdo con el deber y las buenas costumbres para el bien social, independientemente de nuestros intereses o deseos personales. Afirma I. Kant: «Los niños deben ser educados no de acuerdo con el estado presente del género humano, sino de acuerdo con el posible y mejor estado futuro».

Kant fue autor del sistema filosófico conocido como «idealismo trascendental o criticismo», que plasmó en su obra *Crítica de la razón pura,* de 1781. Así mismo plantea que el origen del conocimiento está en el sujeto, pero el comienzo de ese conocimiento está en la ocasión, en la experiencia que vive el sujeto en sus relaciones sociales, que están en un conjunto más amplio de toda la sociedad.

Libros: *Crítica de la razón pura* (1781), *Principios de las costumbres* (1797), *Respuesta a la pregunta: ¿qué es la Ilustración?* (1784), *Crítica del juicio* (1790).

«La educación es el desarrollo en el hombre de toda la perfección de que su naturaleza es capaz».

«De donde viene el poder humano todos lo sabemos, a dónde quieren llegar, pocos lo conocen».

«La felicidad no es un ideal de la razón, sino de la imaginación».

«La libertad es aquella facultad que aumenta la utilidad de todas las demás facultades».

57. Javier de Felipe (Madrid, 1953-actualidad), biólogo e investigador especializado en el estudio del cerebro humano

Doctor en Biología por la Universidad Complutense de Madrid. Es neurocientífico, estudió en el Instituto Cajal (Centro de Investigaciones Biológicas) sobre la corteza cerebral. Estudió en EE. UU., en la Universidad de Washington (1984-1985).

De regreso a España, lideró el Centro de Tecnología Biomédica (CTB) de la Universidad Politécnica de Madrid, dirigiendo el Laboratorio Cajal de Circuitos Corticales, Unidad básica funcional del cerebro (como son las neuronas excitatorias e in-hibitorias para comprender el cerebro humano).

De Felipe participó en el proyecto Blue Brain (teoría del cerebro azul), que pertenece al proyecto Human Brain Project-proyecto del cerebro humano–de la Unión Europea, que se inició en octubre de 2013.

Por su trabajo de investigación ha recibido muchos premios y reconocimientos por su destacado trabajo científico en favor de la humanidad. Se centra en el estudio microanatómico del cerebro y su influencia en la plasticidad neuronal.

Libros: *El jardín de la neurología: sobre lo bello, el arte y el cerebro* (2014), *De Laetoli a la luna: el insólito viaje del cerebro humano* (2022), *Neuroanatomía para el siglo XXI* (2016).

«¿Cómo surgen los procesos cognitivos en el cerebro? Una hipótesis de partida es que, para conocer en profundidad el funcionamiento del cerebro, necesitamos un mapa detallado de sus conexiones, a saber: el conectoma (conexiones entre las neuronas, sinapsis) a nivel microscópico y el sinaptoma a nivel nanoscópico».

Aprendamos juntos, BBVA 2030.

58. Jean Piaget (Suiza, 1896-1980), psicólogo y biólogo

Hizo grandes aportes al estudio de la genética y de la infancia, publicó varios estudios sobre la psicología infantil, así como a la teoría cognitiva constructivista del desarrollo de la inteligencia. Aportó grandes estudios a la epistemología genética para conocer las capacidades cognitivas y la forma de pensar en el humano que, a su vez, tiene su origen en la genética y en el despliegue (desde su nacimiento) en los estímulos socioculturales.

Estudió sobre la inteligencia sensorio-motriz, que comienza a instalarse en los bebés antes del lenguaje por su desarrollo en el ambiente familiar, donde obtienen estas habilidades.

Piaget estableció que existen diferencias cualitativas entre el pensar infantil y el pensar adulto. Como también demuestra que la capacidad cognitiva y la inteligencia van ligadas al medio social y físico.

La teoría de Piaget sobre la educación de los niños se centra en la atención con el entorno, materiales, recursos e instrucciones que sean acordes con la edad de los niños y sus habilidades físicas y cognitivas.

Libros: *Psicología del niño* (1969), *La psicología de la inteligencia* (1948), *La equilibración de las estructuras cognitivas* (1975).

«Es con los niños con los que tenemos la mayor oportunidad de estudiar el desarrollo del conocimiento lógico, conocimiento matemático, el conocimiento físico entre otras cosas».

«Un niño nunca dibuja lo que ve, dibuja su interpretación de ello. Dibuja lo que sabe de él».

59. Jean-Jacques Rousseau (Suiza, 1712-1778), escritor, pedagogo y filósofo

Fue uno de los precursores de la Revolución francesa y la Ilustración. La Ilustración es un movimiento cultural e intelectual en Europa durante los siglos XVII y XVIII, llamado también el Siglo de las luces. Señala que el hombre nace libre, pero luego es encadenado por una realidad social, pero ese hombre es bueno por naturaleza.

Además, fue botánico, compositor y naturalista, que alabó pero también criticó el Movimiento de la Ilustración. Creía en el poder de la razón, las artes, las creencias y toda la corriente filosófica más avanzada de su época.

En su *El contexto social* (1762) trata principalmente de la libertad e igualdad de los hombres bajo un estado, bajo un sistema democrático. Criticaba aquella sociedad que limita al hombre sobre la excesiva riqueza y la pobreza que limitan la libertad del hombre.

Sobre la educación, Rousseau expuso que el desarrollo natural del niño debe ir sin anticipar etapas, para que vaya aprendiendo en una autogestión para ser realmente libre y ya en la edad adulta seguirá siendo libre sin estar sujeto a una sociedad ni Estado.

La obra de Rousseau *Emilio, o De la educación* establece un antes y un después de la educación del mundo antiguo y la pedagogía moderna. Obra escrita en 1762, distribuida para profesores y maestros y hacer del niño un buen ciudadano.

Libros: *El contexto social* (1762), *Emilio, o De la educación* (1762), *Discurso sobre el origen de la desigualdad* (1755).

«La infancia tiene su propia manera de ser, pensar y sentir; nada hay más insensato que pretender sustituirlas por las nuestras».

«La infancia es el sueño de la razón».

«Asignad a los niños más libertad y menos imperio, dejadles hacer más por sí mismos y exigir menos de los demás».

60. Johan Heinrich Pestalozzi (Suiza, 1746-1827), escritor y pedagogo

Se le consideraba el padre de la Psicología moderna. Su trabajo se desarrolló durante la época de la Ilustración en Europa. Fue el impulsor de la educación infantil y de la educación primaria. Según su teoría, los niños no deberían recibir conocimientos y programas ya concebidos, sino darle la oportunidad (a los niños) de que aprendan mediante su propia actividad personal. Esta concepción pedagógica establece un método flexible para buscar el desarrollo físico e intelectual de los niños. Su lema era «cabeza, corazón y mano», donde enfoca de forma holística la formación de los niños.

Pestalozzi señala que los niños deben aprender tocando, oliendo, viendo solo a través de actividades prácticas en su entorno natural. El maestro debe tener una visión amplia, clara, con un corazón muy grande y acogedor para con los niños.

Las principales ideas de Pestalozzi:

- La familia es el fundamento de la cultura humana y social.
- La educación familiar debe ser amorosa, sacrificada y abnegada.

- Lo natural es opuesto a lo artificial, pero no a lo racional.
- La naturaleza enseña con orden, firmeza y exactitud.
- El lema «cabeza, corazón y mano» implica un desarrollo holístico: intelectual, emocional y físico del niño.

Libros: *Cómo Gertrudis enseña a sus hijos* (1801), *Cartas sobre educación infantil* (1827).

«Un niño que no se siente guiado, difícilmente puede ser educado».

«El lenguaje que se use para hablar con los alumnos debe ser correcto pero sencillo, totalmente comprensible».

«En la mente de un niño hay lugar para el juego, siempre. No ahogues ese espacio con asuntos de adultos».

«El fin de la educación no es otro que ayudar al niño al desenvolvimiento de sus potencialidades».

61. Johann Friedrich Herbart (Alemania, 1776-1841), psicólogo, filósofo y pedagogo

Se opone a la vieja escuela de su época que buscaba solo la memorización de los contenidos. Consideraba que la educación moral e intelectual de los niños es fundamental para el nuevo ciudadano, para propiciar la paz del alma.

Su pedagogía era que toda enseñanza y educación debían servir para formar el carácter de los niños futuros adultos. Este autor se refiere a la didáctica como el estudio y combinación entre la enseñanza y la instrucción, la primera para lograr los objetivos y la segunda para reforzar la educación. Herbart es considerado el padre fundador de la pedagogía científica. El papel del educador es construir una experiencia determinada en el niño, a través de la instrucción, la cultura moral y el gobierno de los niños.

Libros: *Pedagogía general* (1806), *Ciencia de la Educación* (1816).

«El aprendizaje debe servir al propósito de crear interés. El aprendizaje es transitorio, pero el interés debe durar toda la vida».

62. John D. Mayer (Estados Unidos, 1953-actualidad), psicólogo y profesor

Estudió en la Universidad de Michigan, EE. UU. Especialista en Inteligencia Emocional. Trabajó en la universidad de New Hampshire, EE. UU. Desarrolló una teoría y modelo de Inteligencia Emocional junto a su colega Peter Salovey, que describen en 4 ramas las dimensiones en Inteligencia Emocional que debe tener una persona:

- La primera, la capacidad para percibir y expresar las emociones propias y ajenas constantemente.
- La segunda, la habilidad para usar las emociones de una manera factible al pensamiento.
- La tercera, la capacidad para comprender creencias, lenguaje y signos emocionales.
- La cuarta, la habilidad que posee toda persona para procesar las emociones propias y las de los demás, para usarla como guía para el pensamiento y el comportamiento.

Libros: *Inteligencia emocional* (2014), *Teoría de la interacción de sistemas de la personalidad* (2007).

63. John Dewey (Vermont, EE. UU., 1859–Nueva York, 1952), pedagogo, psicólogo y filósofo que estudió en las universidades de Vermont y Johns Hopkins

Trabajó en la Universidad de Chicago. Durante la primera mitad del siglo XX fue una de las figuras más importantes de la psicología progresista. Escribió sobre diversos temas y tratados de educación, arte, democracia, ética, entre otros. Donde manifestaba que solo se podía alcanzar una verdadera democracia a través de la educación y la sociedad civil. Una de sus teorías más interesantes es la «Teoría del Conocimiento», que establece la «experiencia» que viven en su entorno social los jóvenes, establece el proceso mismo de formación de la vida, para formar un individuo en emociones e ideas conscientes.

John Dewey mantiene una concepción dinámica en la función de la personalidad de los jóvenes con prácticas y creencias en valores morales, éticos, sociales y culturales.

Su filosofía era el practicismo como instrumento de formación para los alumnos, ya que estos deben tomar un tema y trabajar sobre él. Así nace su teoría del trabajo por proyectos que se convirtió en una metodología de trabajo educativo. Dewey le da una gran importancia a la praxis educativa para el manejo inteligente en la práctica social de todo maestro y su relación concreta a sus circunstancias sociales. Para John Dewey la educación es un constructo social.

En concreto, su metodología consta de 5 elementos:

1. Considera la experiencia real de todo niño. Vivida y conocida en su entorno, que es parte de su formación.
2. Identificar las debilidades o problemas que se viven en ese entorno y abordarlos a través de proyectos de superación.
3. Identificar las variables y factores que influyen para buscar soluciones fiables.
4. Formular las posibles soluciones al problema (hipótesis).
5. Comprobar que la hipótesis (solución posible) es viable u objetiva.

Su teoría propone que el individuo debe ser parte de toda una sociedad para educarse en valores éticos, morales y de principios en una sociedad democrática.

Libros: *Democracia y educación* (1916), *Cómo pensamos* (1910), *Democracia y tradición en la teoría y práctica educativa del siglo XXI.*

«La educación no es la preparación para la vida. La educación es la vida misma».

64. John Locke (Reino Unido, 1632-1704), filósofo y médico

Es conocido como el padre del Liberalismo clásico. Este filósofo era empírico y su teoría enfatiza que el papel de la experiencia ligada a la percepción sensorial era el camino para formar el conocimiento. Por lo tanto, para este representante del empirismo, la experiencia es la base fundamental de todo conocimiento.

J. Locke manifiesta que el ser humano es libre por naturaleza y esa libertad es su fuerza moral que impulsa y anima a participar en todos los aspectos de la vida social, económica y política de todo país. La libertad debía protegerse de la influencia del Estado y que este debía proteger la propiedad privada de todos sus ciudadanos.

Sus principios filosóficos influenciaron a la Independencia de los Estados Unidos (1776) y a la Revolución Francesa (1789).

Destacó en mundos de la epistemología (fundamentos y métodos que utiliza el conocimiento científico) en la educación, medicina y economía. Fue un filósofo que contribuyó a sentar las bases de la Ilustración en Europa.

La Ilustración es el movimiento intelectual que promovió y sacudió el sistema social, político y económico que predominó en Europa, principalmente en Alemania, Francia e Inglaterra, entre los siglos IX y XV, basándose en el uso de la razón para comprender la realidad, cuestionando las «verdades» establecidas por las autoridades y su poder absoluto a través de la monarquía. Influenció a los Ilustrados al cambio y progreso, así como el desarrollo de las ciencias.

Para Locke la regla de oro sobre la educación es que la inversión en los hijos debe ser lo prioritario de toda familia. Educar y formar a los hijos debe estar por encima de cualquier otra cosa. Formar a los hijos de forma integral, tanto física como intelectual, en valores de ética y moral.

Libros: *Ensayo sobre el entendimiento* (1689), *Carta sobre la tolerancia* (1689), *Pensamientos sobre la educación* (1693).

«Ningún conocimiento humano puede ir más allá de su experiencia».

«Una mente sana en un cuerpo sano es una breve pero amplia descripción de un estado de felicidad en este mundo».

«El trabajo del maestro no consiste tanto en enseñar todo lo aprendible, como en generar en el alumno amor y estima por el conocimiento».

65. José Antonio Fernández Bravo, profesor e investigador

Doctor en Ciencias de la Educación y especialista en didáctica, organización y sociedad. También es licenciado en filosofía, física y matemáticas. Profesor de educación infantil y primaria. También es profesor universitario. Divulgador y expositor en talleres, cursos, congresos y en las redes sociales de sus teorías de enseñanza y aprendizaje.

Investiga y escribe sobre la educación y aprendizaje de matemáticas e innovación educativa. Dedica su labor a escuchar a los niños para entender y conocer «el cerebro del que aprende».

Su pensamiento pedagógico se centra en los siguientes lineamientos:

1. Que sonría el que aprende.
2. Escucha atentamente a los alumnos.
3. Atender sus necesidades.
4. Motivar la curiosidad por el aprendizaje.
5. Cultivar el autocontrol y la autoconfianza de los alumnos (autoestima).
6. Que los niños y alumnos sean protagonistas de su aprendizaje.
7. Fomentar la creación del pensamiento crítico.
8. Promover la participación social y enseñar valores de amor por el trabajo y el aprendizaje en los estudiantes.

Este pedagogo, Fernández Bravo, es autor de más de 500 artículos y 36 libros sobre la educación y el aprendizaje de la matemática, tanto a nivel nacional (España) como a nivel internacional en Europa y América Latina.

El vídeo *Cuaderno de viaje de un maestro* en *APRENDEMOS JUNTOS* (YouTube del Banco BBVA) ha tenido más de 50 millones de visualizaciones, convirtiéndose en un ícono educativo.

Libros: *Números en color: Acción y reacción en la enseñanza-aprendizaje de la materia* (2010), *Desarrollo del pensamiento lógico y matemático: el concepto de número y otros conceptos* (2012), *La enseñanza de la matemática: fundamentos teóricos y bases psicopedagógicas* (2003), *La sonrisa del conocimiento: una metodología que escucha al que aprende para hablar al que enseña* (2019).

«Crear sonrisas es dar prestigio al aprendizaje. Aprender juntos es dar prestigio a la vida».

«Todo tiempo puede convertirse en maravilloso si sabemos frenar en el lugar preciso que despierta al genio».

«Aprendí a enseñar desde el cerebro del que aprende».

«¿Qué me enseñaron los niños? TODO. Me enseñaron que no existe método de enseñanza superior a la capacidad de aprendizaje de la mente humana».

66. José Antonio Marina (España, 1939-actualidad), pedagogo, educador, filósofo, ensayista y divulgador

Sus estudios se han centrado en la inteligencia y los mecanismos de la creatividad (sobre todo del lenguaje), centrados en la neurología, pasando por la ética. Es escritor de reseñas y columnista de varios periódicos y revistas, así como programas de radio y televisión en España.

Realiza trabajos de análisis de la ética, la moral, los valores cívicos y la educación contemporánea, como es el ensayo *El misterio de la realidad perdida*. Escribió un diccionario sobre los sentimientos y propone que debe existir una educación temprana (edad infantil) de las emociones.

En la búsqueda para mejorar la educación y tener buenos ciudadanos, expone: «La preocupación universal por la educación ha generado un sistema de excusas en el que todo el mundo echa las culpas al vecino. Los padres a la escuela, la escuela a los padres, todos a la televisión, a los espectadores, al final acabamos pidiendo soluciones al gobierno, que apela a la responsabilidad de los ciudadanos, y otra vez a empezar. En esta rueda «ciclo vicioso» infernal de las excusas, podemos estar girando hasta el día del juicio final. La única solución que se me ocurre es no esperar a que otros resuelvan el problema, sino preguntarme: ¿qué puedo hacer yo para solucionarlo?».

Libros: *La educación del talento* (2022), *El cerebro infantil: la gran oportunidad*, *Aprender a vivir*, *El pensamiento crítico es nuestra defensa contra la manipulación y el fanatismo*, *Historia visual de la inteligencia* (2024).

«Para educar a un niño hace falta la tribu entera».
«El fin de la educación es aumentar la probabilidad de que suceda lo que queremos».
«La educación siempre debe estar a la vanguardia, porque es la ciencia que se ocupa del futuro de la especie».

67. José Ortega y Gasset (España, 1883–1955), filósofo y ensayista

Fue exponente de la teoría del perspectivismo, dándole una razón vital e histórica. Su corriente filosófica es el vitalismo, que considera a la vida como el centro de la investigación filosófica, fundándola de forma objetiva. Plantea una nueva forma de entender el uso de la razón para comprender la vida y la historia del ser humano. El pensamiento emana de la vida misma, es una función vital.

El hombre, propone, es una «realidad radical» porque todos los demás tipos de realidad (física y espiritual) dependen de la existencia misma del hombre. Para este filósofo, «la felicidad consiste en encontrar algo que nos satisfaga competentemente».

Cada persona en particular tiene su propio punto de vista de la realidad que vive. Tanto el conocimiento como la realidad se van formando según las perspectivas que se van viviendo y alimentan el pensamiento del ser humano.

Libros: *Meditación del Quijote* (1914), *Vieja y nueva política* (1914), *Investigaciones psicológicas* (1915-1916).

«La lealtad es el camino más corto entre dos corazones».

«Yo soy yo y mi circunstancia, y si no la salvo a ella no me salvo yo». Explica en esta frase que no existimos por separado, somos parte del mundo y el mundo parte de nosotros.

«Con la moral conseguimos los errores de nuestros instintos, y con el amor los errores de nuestra moral. Con el amor podemos corregir la forma de pensar».

«Dime a qué le prestas atención y te diré quién eres».

68. Joseph E. LeDoux (EE. UU., 1949-actualidad), neurocientífico

Su investigación está dirigida a estudiar los circuitos de supervivencia, así como el estudio de las emociones, el miedo y la ansiedad. Es profesor en la Universidad de Nueva York, donde dirige el Instituto del Cerebro Emocional.

LeDoux sostiene que los sentimientos están asociados con la conciencia y esto a su vez sobre la existencia del individuo que se da cuenta de todo lo que le rodea en su entorno.

Participó en un festival de arte en 2018, donde dio una clase magistral sobre las fronteras del cerebro y la inteligencia artificial. Propuso que toda persona puede reconocer una amenaza después de experimentar emociones de miedo o ansiedad, pero no la reconoce de inmediato, ya que la persona debe utilizar otras habilidades de pensamiento racional —usar la razón— para poder decidir rápidamente si es una amenaza real o no.

Su trabajo es muy influyente y considerado en el campo de la neurociencia, sobre todo, la comprensión de las emociones, la memoria y los trastornos psicológicos.

LeDoux forma parte de una nueva generación de neuro-científicos que utilizan métodos y tecnologías innovadoras y vanguardistas, y que le han permitido cartografiar el funcionamiento del cerebro con un alto nivel de precisión. Fue el primero en descubrir el importante papel que desempeña la amígdala como el centro del cerebro emocional.

Fue premio Nacional de Ciencia (2004), Premio de la Asociación Estadounidense de Psicología (2005), miembro de la Academia Nacional de Ciencia (2015).

Libros: *El cerebro emocional* (1996), *Cómo se convierten nuestros cerebros* (2002), *Ansioso* (2015), *La mente integrada* (1978).

«El sentimiento o la emoción más importante es el amor, que nos permite sentir muchas emociones».

«Todo lo que pensamos y sentimos (y seguimos pensando y sintiendo) crea, en el fondo, el cerebro que tenemos».

69. Juan Amos Comenio (Moravia, actual República Checa, 1592-1670), teólogo, filósofo y pedagogo

En su trayectoria laboral le dio un significado relevante a la educación en la formación del hombre nuevo. Se le considera uno de los pensadores de la didáctica. Vivió en una época muy difícil. Aprendió de muchos filósofos y aprendió porque leía la Biblia, que formó con criterios de rebeldía, cambios y transformaciones, que para su época eran una crítica al sistema existente.

Las ideas de formación educativa de J.A. Comenio se basaban en los pilares fundamentales (comprender, retener y practicar) para que los alumnos aprendan con alegría, analicen y no memoricen para prepararse para la vida.

Este humanista pedagogo señalaba que la familia era muy importante, como la madre de todo hijo, para enseñarle los principios, valores éticos, amor, responsabilidad, respeto, moral, entre otros, antes de llegar a la escuela.

Su teoría es que los niños aprenden usando sus sentidos, ya fueran ideas a través de imágenes más que palabras. «Las palabras solo deben ser aprendidas y enseñadas en su asociación con las cosas. ¿Qué son las palabras, sino el vestido o la envoltura de las cosas?», escribió Comenio.

Libros: *Dictadura magna* (1657), *El laberinto del mundo y el paraíso del corazón* (1631), *La escuela y la infancia* (1657).

«Tengamos un solo fin, el bienestar de la humanidad; y dejemos de lado todo egoísmo en consideración al idioma, la nacionalidad o la religión».

«Quien enseña a otros se enseña a sí mismo, es muy cierto, no solo porque la repetición constante imprime un hecho indeleble en la mente, sino porque el proceso de enseñanza en sí mismo da una visión más profunda del tema enseñado».
«La escuela es el taller de la humanidad».
«Se debe enseñar todo a todos».

70. Juan Bautista de la Salle (Francia, 1651-1719), sacerdote, teólogo y pedagogo

Consagró su vida a la educación y formación de maestros, pero antes que nada a los niños más pobres. Para su época, aportó algunos principios educativos que todavía hoy tienen vigencia. Esos aportes fueron:

1. Agrupar a los alumnos por edad.
2. Enseñar en su lengua materna.
3. Establecer un horario fijo para las lecciones.
4. Implicar a los padres en la educación y formación de sus hijos.
5. Establecer un manual pedagógico para todos los maestros.
6. Innovar en la metodología y estructuras de la enseñanza.
7. Ofrecer educación gratuita a los niños y jóvenes más pobres.

El papa Pío XII declaró que Juan Bautista de la Salle fuese patrono universal de los educadores, el 15 de mayo de 1950.
De la Salle fundó en 1687 el Instituto de los Hermanos de las Escuelas Cristianas; esta congregación, hoy vigente en todo

el mundo, atiende a más de un millón de alumnos en 85 países. La Salle fue canonizado en el año 1900.

La pedagogía lasallista se centra en la formación educativa de los jóvenes, en su formación interior (espiritual) y dar lo mejor de sí mismo como persona humilde, honesta, de principios éticos y morales, dentro de los parámetros de libertad, justicia, fraternidad y paz social.

Libros: *Guía de las escuelas*, *Abrid mentes, tocad corazones*, *Meditación sobre la educación cristiana*.

«La alegría del mundo es breve, la de aquellos que sirven a Dios no tendrá fin».

«Insisto: pide a Dios que le toque el corazón y le haga dócil a sus inspiraciones».

71. Juan Luis Vives (España, 1493-1540), pedagogo, filósofo, psicólogo y humanista.

Se le conoce como el primer pedagogo de la Edad Media. Aplicó la psicología en la educación. Se opuso a los métodos de enseñanza medievales para usar un método basado en lo inductivo y experimental. Fue defensor de la educación, formación y cultura de la mujer. Su reflexión filosófica le conduce a la naturaleza social del hombre, a través de su propia experiencia y práctica social, para que cada ser social (hombre y mujer) logre entender el fin de su papel en la sociedad.

A Juan Vives se le conoce como uno de los grandes aportadores de la psicología moderna. Plantea que, en la medida de lo posible, hay que distinguir la psicología de la metafísica (rama de la filosofía que estudia lo intangible, como el ser, la existencia, entre otros).

Libros: *La concordia y la discordia del género humano* (1532), *Introducción a la sabiduría* (1531).

«No esperes que tu amigo venga a decirte qué necesita, ayúdale antes».

«La memoria se acrecienta usando y aprovechándose de ello».

«No hay espejo que mejor refleje la imagen del hombre que sus palabras».

72. Judy Willis (EE. UU., 1958–actualidad), neurocientífica e investigadora

Tiene experiencia como educadora y neuróloga. Trabaja en la educación como estrategia de enseñanza en el aula. La Dra. Willis es profesora de educación en la Universidad de California. Se ha presentado en muchos talleres y congresos nacionales e internacionales con su trabajo acerca del aprendizaje y el cerebro.

Willis es conocida por su enfoque en la importancia de la motivación y la curiosidad en el aprendizaje. Algunos de sus principios son:

- La importancia de la emoción en el aprendizaje.
- La necesidad de crear un entorno de aprendizaje flexible, transversal y adaptable.

- La retroalimentación (o *feedback*) constante en la evolución del proceso de aprendizaje.

Por su trabajo, ha sido entrevistada por muchos medios de comunicación en los Estados Unidos (radio, prensa y TV) y en *ABC* Australia.

Según su teoría, para que una información novedosa pueda ser aprendida, debe atravesar tres filtros fundamentales. Estos filtros van a favorecer la atención y la discriminación del cerebro y lo que realmente le interesa para absorber como aprendizaje. Los tres filtros son:

- **El sistema reticular de activación:** responsable de regular la atención y priorizar los estímulos más importantes.
- **La amígdala:** clave en el procesamiento emocional, ayuda a determinar qué información tiene mayor significado o impacto emocional, lo que influye directamente en su consolidación.
- **La dopamina:** este neurotransmisor, asociado con el bienestar y la motivación, refuerza el aprendizaje al recompensar la adquisición de conocimientos valiosos o estimulantes.

Para el aprendizaje es importante estar tranquilo, relajado y contento. El aprendizaje cambia la estructura física del cerebro, se fortalece con el ejercicio mental (leer, jugar ajedrez, crucigramas, entre otros), cambia nuestro modo de ver y percibir la realidad. En la educación, la neurociencia está marcando un camino muy importante en el proceso de enseñanza y aprendizaje.

Libros: *Estrategias para un aula de inclusión* (2007), *Mejora tu enseñanza* (2019), *Cómo aprende mejor tu hijo* (2008).

«El cerebro es un órgano de aprendizaje, y su función principal es aprender».

«La emoción es el combustible que impulsa el aprendizaje».

«El aprendizaje debe ser relevante y significativo para los estudiantes. Deben poder ser la conexión entre lo que están aprendiendo y su vida diaria».

73. Karl J. Friston (Inglaterra, 1959-actualidad), neurocientífico

Ha hecho historia con sus aportes científicos relacionados con el estudio del cerebro. Trabaja en la Universidad de Londres. Desarrolló una técnica muy avanzada para analizar las imágenes cerebrales, su comportamiento y la actividad crítica del cerebro. En el mundo, los neurocientíficos utilizan en un 90 % esta técnica diseñada por Friston, que permite explicar todo lo que ocurre en el cerebro.

Su principio de la «energía libre» se fundamenta en dos puntos concretos:

1. El cerebro está constantemente elaborando ideas y pensamientos sobre todo lo que le rodea.
2. El cerebro utiliza las reglas de las probabilidades de lo que va a ocurrir. Esta técnica (según este autor) predice las sorpresas en la medida de lo posible. Al cerebro no le gustan

las sorpresas; por ello busca predecir con anticipación lo que puede ocurrir. Le permite aprovechar lo aprendido y evita gastar más energía de la necesaria.

Libros: *Mapeo de psicopatología con fMRI y epigenética* (2017), *Predicción y expectativa de atención y su relación* (2015).

74. Karl Lashley (EE. UU., 1890-1958), psicólogo y doctor en filosofía

Psicólogo conductista especializado en estudiar el aprendizaje y la memoria. Estudió en la Universidad John Hopkins y su área de investigación fue la neuropsicología. Trabajó como profesor en la Universidad de Harvard y la Universidad de Chicago.

Dividió su investigación en dos teorías. La principal, «acción en masa», establece que las acciones del cerebro y su córtex funcionaban como un único ente holístico (enfoque integral) en muchos tipos de aprendizaje.

Su otra teoría es sobre el principio de «equipotencialidad», que señala que si ciertas partes del cerebro están dañadas, otras partes del cerebro podrían sustituir y ocupar esas partes dañadas, lo que significa una reconfiguración de la estructura cerebral para reemplazar las funciones de los que están dañados (Neurogénesis).

Con su trabajo contribuyó a establecer una relación entre el aprendizaje y la memoria. Estableció que el recuerdo no está localizado en una parte del cerebro, sino que se encuentra ensanchado o distribuido a través del córtex o corteza cerebral (donde se generan los pensamientos intelectuales más complejos). Su trabajo impactó en la neuroplasticidad y la comprensión de la memoria y el aprendizaje.

Libros: *La interpretación conductista de la conciencia* (1923), *Mecanismos cerebrales e inteligencia* (1929), *Mecanismos neuronales básicos en la conducta* (1930).

75. Lev Vygotsky (Rusia, 1896-1934), psicólogo

Destacado psicólogo y precursor de la neuropsicología. Su teoría se basaba en que los niños «desarrollan paulatinamente un aprendizaje mediante la interacción social». Es en el contacto con los padres, familia, vecinos y amigos que los niños comienzan su proceso de socialización y el camino para su formación y aprendizaje. Considera Vygotsky que la educación es parte del desarrollo «de forma artificial», ya que ella (la educación) constituye la formación natural de su desarrollo.

En el contacto con su entorno social, el niño va adquiriendo hábitos, pensamientos, lenguaje e ideas que van formando su estructura cognitiva propia. Esto es parte de la teoría constructivista sociocultural y pedagógica de Lev Vygotsky. Su teoría se centra en cómo la interacción social influencia el aprendizaje de los niños.

Esta teoría, tomada en cuenta por maestros y profesores, conduce a utilizar elementos transversales como el humor, la música, el deporte, los sentimientos y emociones de los niños para que sus actividades pedagógicas y programas de estudio tengan un mayor soporte contextual.

Libros: *Pensamiento y lenguaje* (1934), *El desarrollo de los procesos psicológicos superiores* (1978), *El arte y la imaginación en la infancia, Teoría de las emociones* (1924).

«El aprendizaje humano presupone una naturaleza social específica y un proceso mediante el cual los niños acceden a la vida intelectual de aquellos que le rodean».

76. Manfred Spitzer (Alemania, 1958-actualidad), neurocientífico

Estudió medicina, psicología y filosofía. Es doctor en psiquiatría, profesor universitario y divulgador de la neurociencia.

Este neurólogo denuncia la existencia de una «demencia digital» que se está apropiando de todos los niños y jóvenes desde la escuela, sus hogares y en sus ratos de ocio. Las nuevas tecnologías han traído grandes avances, pero también nuevos problemas a la salud mental de la población más joven.

Spitzer se ha dedicado los últimos años al estudio del cerebro y el impacto que las redes sociales tienen en él, sin que lo percibamos. «El cerebro, si se utiliza, crece; si no se utiliza, se atrofia». Por ejemplo, el hipocampo es una estructura central relacionada con los procesos de aprendizaje y memoria.

En un estudio realizado a taxistas de Londres (Eleonor Maguire, University College London, 2000), se encontró que esta estructura (hipocampo) es más grande que la de otra persona normal, que solo utiliza el GPS para desplazarse de un lugar a otro.

Nos describe este investigador que «la utilización del cerebro conduce al crecimiento de las áreas cerebrales que se utilizan para una capacidad determinada. Por tanto, nuestro cerebro que es, en un sentido importante, funciona de manera similar a un músculo: si se utiliza, crece; si no se utiliza, se atrofia». Nos plantea que «cuanto más profundamente se procesa una materia, tanto mejor quedará guardada en la memoria».

Además, propone que a los jóvenes se les debe dar un celular a partir de los 18 años, ya que su cerebro, como está en constante formación, debe tener más actividades en equipo, en grupo y menos de forma individual. Buscando información en los libros, revistas y el contexto social con la familia, amigos y compañeros de clase para adquirir conocimientos, no a través de las redes sociales, sino en forma social, comunitaria y colectiva.

Libros: *Demencia digital: el peligro de las nuevas tecnologías* (2012), *Aprendizaje: neurociencia y escuela de la vida* (2005).

77. Mar Romera (Alemania, 1967–actualidad), licenciada en Filosofía y Letras (Pedagogía) española

Licenciada en Psicopedagogía por la Universidad de Granada. Es especialista en inteligencia emocional. Autora del modelo pedagógico Educar con tres C: capacidad, competencias y corazón, el cual promueve y divulga en todos los niveles de la educación en España y, sobre todo, en el nivel infantil y primaria. También imparte este modelo pedagógico a nivel del magisterio para maestros, maestras y profesores de bachillerato.

Ha escrito varios libros, 10 en total. También es profesora universitaria y actúa como asesora pedagógica. Tiene varios vídeos de YouTube donde explica, expone y analiza cómo desarrollar la formación y educación de los niños y jóvenes al lado de sus padres y maestros.

«La familia y la escuela —dice— son elementos fundamentales para la formación y educación de los niños». Ha participado en muchos congresos, cursos y talleres sobre cómo «educar sin receta». Es presidenta de la Asociación Pedagógica Francesco Tonucci.

Libros: *La escuela que quiero* (2022), *Educar sin receta* (2022), *La familia: la primera escuela de las emociones* (2017).

«No hay emociones buenas y malas. Necesitamos vivirlas todas».

«Los hijos son complicados y te aprenden sistemáticamente a ti».

«Una educación con la infancia y no una educación para la infancia».

78. Marco Tulio Cicerón (Italia, 106 a. C.–43 a. C.), filósofo, político y escritor

Fue un hombre de letras. Su teoría señala que la ciencia, el conocimiento y la palabra son aspectos completamente inseparables de la oratoria. Tuvo un pensamiento ecléctico que sostenía la necesidad de conceptos innatos e inmutables para la cohesión social y la relación entre los individuos. Fue una figura destacada en la historia de Roma por su filosofía y oratoria.

Entre algunos de sus pensamientos están: «Una cosa es saber y otra cosa es enseñar», «Cuanto mayor es la dificultad, mayor es la gloria», «La sola idea de que una cosa cruel pueda ser útil, es ya de por sí inmoral».

Cicerón perteneció a la Academia de Atenas fundada por Platón en el 387 a. C., donde se enseñaba matemática, medicina, retórica y astronomía. Fue considerada la primera universidad de Occidente.

«No basta con alcanzar la sabiduría, es necesario saber utilizarla».

79. Marcus E. Raichle (EE. UU., 1937-actualidad), médico neurólogo

Es médico neurólogo de la Facultad de Medicina de la Universidad de Washington, donde da clases de radiología, neurología, neurobiología e ingeniería biomédica.

Este investigador demostró que cuando tu cerebro no hace nada, se activa la «red neuronal por defecto». El cerebro funciona independientemente de las tareas que no tiene definidas, es algo así como un *cerebro autónomo*.

Marcus Raichle llamó a estas áreas del cerebro *zonas negativas,* que desempeñan un papel fundamental cuando la mente está en reposo. En su experimento, se pidió a los participantes que cerraran los ojos y dejaran su mente divagar, mientras se medía la actividad del cerebro. Descubrió que cuando el cerebro está en reposo, en *descanso total*, las áreas no activas consumen más energía que el resto del cerebro.

La red neuronal por defecto ha sido un tema de investigación y debate en el mundo científico de la neurociencia.

Libros: *El espíritu en imágenes* (1998).

«El silencio es esencial para regenerar nuestro cerebro».
«Un cerebro en reposo consume tanta energía como un cerebro en pleno desarrollo y actividad».

80. María Montessori (Italia, 1870-Países Bajos, 1952), médica, pedagoga, filósofa, psiquiatra humanista y activista femenina

Desarrolló el método Montessori, que establece que el material didáctico ocupa un lugar de jerarquía en la escuela, ya que favorece la interacción y el aprendizaje de los alumnos.

Su método era impartir una educación integral para formar individuos más humanizados, colaborativos, solidarios, cooperativos y orientados a metas colectivas y comunes para el bienestar social. Su método se basa en una educación respetuosa y que estimule la curiosidad, la investigación y el descubrimiento de las cosas por parte de los niños, como el elemento fundamental del aprendizaje.

Por ello, todos los recursos didácticos en el aula tienen que estar a la altura y al alcance de los niños. La pizarra, el pupitre, la mesa, los colores, el agua, los vasos, recursos de limpieza, de aseo, entre otros, para potenciar el desarrollo de cada alumno de forma autónoma e integral.

En el «ambiente Montessori» se trabaja con total tranquilidad, en calma, orden y accesibilidad a todos los espacios. La libertad de aprendizaje de los niños se «autoforma» cuando toman la decisión de hacer uso de tal o cual juguete o recurso que deseen usar en un momento determinado, lo cual se convierte en su principal motivación de aprendizaje.

Libros: *Educación y paz* (1950), *Educar para un mundo nuevo* (1943), *Formación del hombre* (1949).

«El instinto más grande de los niños es precisamente liberarse del adulto».

«Ayúdame a hacerlo por mí mismo».

«La mejor enseñanza es la que utiliza la menor cantidad de palabras necesarias para la tarea».

«Si criticas mucho a un niño, él aprenderá a juzgar. Si elogias con regularidad al niño, él aprenderá a valorar».

81. Marian Diamond (EE. UU., 1926-2017), neuro-científica

Considerada pionera fundadora de la neurociencia moderna (estudio del sistema nervioso y el cerebro en particular) durante el siglo xx.

Ella, con su equipo de investigadores, publicó por primera vez las evidencias de que el cerebro puede cambiar y transformarse con las experiencias que vive una persona, y esta función terminó llamándose «neuroplasticidad cerebral».

La plasticidad del cerebro representa la capacidad que tiene el sistema nervioso (el cerebro) de cambiar según las actividades sucesivas que realice una persona, como nuevos aprendizajes, aprender nuevas habilidades cognitivas.

Marian D. estudió biología en la Universidad de California y, cuando terminó su doctorado, se dedicó a la enseñanza como profesora e investigadora. Fue premiada varias veces por su labor en el área de la investigación y la docencia. En una clase que impartió en 2010 en la universidad, sacó un cerebro humano (a lo que dedicó más de 60 años de estudios) de un recipiente, se lo enseñó a los alumnos y exclamó: «El cerebro humano es la estructura más magnífica del mundo».

Esta investigadora fue una de las científicas que estudió el cerebro de Albert Einstein (trabajo publicado en 1985), donde expuso que el cerebro de Einstein, comparado con otros cerebros humanos, tenía una mayor cantidad de células gliales (células que le dan el soporte físico a las neuronas). Debido, según su hipótesis de trabajo, a los muchos estímulos que Einstein sometía a su cerebro con tantos estudios e investigación.

Libros: *El cerebro humano* (1988).

«Con una población que envejece cada vez más, este resultado (la plasticidad neuronal) fue considerado un hallazgo muy optimista […] la corteza cerebral todavía podría mostrar plasticidad cambios a una edad muy avanzada».

82. Marian Rojas Estapé (España, 1983-actualidad), médica, especialista en psicología y psiquiatría

Es licenciada en Medicina por la Universidad de Navarra. Su labor profesional se centra en el tratamiento de personas que sufren de ansiedad, trastornos de conducta, depresión y traumas psicológicos. Da conferencias, charlas y exposiciones sobre las emociones y cómo controlar y manejar los miedos.

Es orientadora para personas afectadas por las emociones, trata, entre otros temas, la proyección en el cerebro de las redes sociales, centrando el impacto principalmente en los jóvenes y adolescentes.

Propone tres pasos para lograr desintoxicar el cerebro y eliminar la basura mental:

1. No permitir que te influyan ideas negativas.
2. Aprender a practicar el *mindfulness* y la meditación.
3. Practicar ejercicios físicos para liberar la tensión mental. Recomienda reducir el uso de TikTok a los jóvenes y adolescentes porque crea adicción, afecta la capacidad de atención y pierden tiempo en cosas de poco valor, cuando se deben dedicar a la lectura, el análisis y la formación de criterios propios. Las redes sociales mal utilizadas distorsionan la realidad y fomentan la patología de la salud mental.

Tiene muchos vídeos en YouTube sobre temas de salud, alimentación, emociones, aprendizaje y cómo cuidar el cerebro.

Libros: *Cómo hacer que te pasen cosas buenas* (2018), *Encuentra tu persona vitamina* (2021), *Recupera tu mente, reconquista tu vida* (2024) y otros.

«Imagina, piensa y sueña en grande, actúa en lo pequeño».
«A una mente que reposa le estamos dando un tiempo y un espacio para repararse».
«La felicidad verdadera no está en el tener, sino en el ser».
«El amor requiere no solo de pasiones y emociones intensas, también de sensaciones de estabilidad y de paz».

83. Mariano Sigman (Argentina, 1968–actualidad), neurocientífico, expositor, conocido por sus investigaciones sobre la neurobiología

Autor de varios libros. Divulgador científico, estuvo como director del *Human Brain Project* junto a muchos otros investigadores.

Es una referencia internacional en el mundo de la neurociencia y la educación. Propone perspectivas en la intersección de la IA (inteligencia artificial) y la neurociencia (el estudio del cerebro), donde se interconectan con lo que significa el ser humano y cómo accede, por medio de esta nueva tecnología, a nuevos descubrimientos sobre cómo funciona el cerebro.

Ha escrito varios trabajos sobre lo que significa la toma de decisiones, el aprendizaje y la transformación del niño en adulto y la madurez del cerebro, el liderazgo y los fundamentos neurocientíficos de la creatividad.

Cuando M. Sigman da talleres o charlas, siempre busca involucrar al público, alumnos o estudiantes para que participen activamente a través de experimentos, juegos y reflexiones. Su investigación trasciende lo académico y se va al campo de la medicina, pedagogía, la música, la cocina, el deporte y el arte.

Plantea que el cerebro humano es un órgano que está en constante cambio y adaptación, de ahí la plasticidad cerebral (nuevos aprendizajes, innovación y conocimientos que vamos adquiriendo) como parte de una mentalidad de crecimiento personal y profesional.

La creatividad es una de las cualidades más valoradas del ser humano, ya que, explorando cómo funciona el cerebro desde la neurociencia, surgen nuevas ideas innovadoras para crear nuevos caminos de novedad y transformación de las cosas existentes por otras, vistas desde nuevas perspectivas (*insights*).

Libros: *La pizarra de Babel: puente entre neurociencia, psicología y educación* (2021), *La vida secreta de la mente* (2015), convertido en una miniserie animada de carácter educativo producida por Cartoon Network Latinoamérica, *El poder de las palabras: cómo cambia tu cerebro (y tu vida) conversando* (2022), *El cerebro emocional* (2018).

«La educación es aprender, pero también desprender».
«Sin memoria no hay creatividad».
«Uno es mucho más compasivo con alguien que no conoce que con uno mismo. Hay que tratar de mirarse a uno mismo con la misma perspectiva que uno mira a los demás».

84. Mario Alonso Puig (España, 1955-actualidad), médico cirujano y especialista en *coaching*

Se ha formado por la Universidad de Harvard y el Instituto Tecnológico de Massachusetts. Es un investigador sobre la inteligencia. Su investigación y estudio se centra en el impacto que tienen los pensamientos, las emociones y la mente sobre nuestro bienestar físico, psicológico y social. Es un reconocido experto español en el desarrollo personal y el crecimiento profesional.

Ha hecho exposiciones en muchas empresas, universidades, institutos, congresos y conferencias sobre liderazgo, comunicación, creatividad, meditación, entre otros temas a nivel nacional (en España) como a nivel internacional (Europa, EE. UU., Australia y América).

El Dr. Mario Alonso Puig tiene más de 20 años dando charlas, entrevistas, escribiendo artículos en redes sociales, para la prensa, revistas y trabajando con equipos directivos de muchas empresas para y sobre cómo potenciar las capacidades humanas en cuanto a creatividad, innovación, salud emocional, trabajo en equipo, la comunicación y la felicidad en todos los colectivos: laborales, estudiantiles, sociales y de la comunidad. También tiene muchos seguidores en las redes sociales, donde difunde sus conocimientos sobre la neurociencia.

Libros: *Reinventarse: tu segunda oportunidad* (2010), *El camino del despertar* (2023), *Resetea tu mente* (2021), *Vivir es un asunto urgente* (2008), *365 ideas para una vida plena* (2019).

«No es lo que podemos hacer, es lo que podemos ser».

«Estamos en este mundo no para sobrevivir, sino para vivir».

«Tenga los años que tenga, no crea que es incapaz de generar nuevos cambios. Solo necesita ilusión, voluntad, determinación, compromiso, persistencia y paciencia».

85. Mark Greenberg (EE. UU., 1951-actualidad), psicólogo

Es catedrático de la Universidad de Virginia. Realizó investigaciones de prevención en la escuela, aprendizajes social y emocional, intervenciones a nivel familiar y de la comunidad e intervención en la atención en niños y maestros.

Orientó a muchos científicos en el inicio de sus carreras. Programó un círculo de aprendizaje social y emocional basado en evidencias científicas que se utiliza en muchas escuelas a nivel internacional.

En 1990 obtuvo en un grupo de trabajo para investigar y tratar la prevención de problemas de conducta para desarrollar el modelo *FASTTRACK* (vía rápida) que integra múltiples niveles de ayuda para que los niños y jóvenes guiarlos a tener éxito en la escuela y en la vida.

Publicó muchos artículos científicos y libros sobre la conducta, el desarrollo, crecimiento, pensamientos y la emoción en niños y jóvenes. Fue codirector del proyecto «Vida familiar», que estudiaba las influencias biológicas, individuales y en la familia que afectaban el desarrollo en los niños.

Obtuvo muchos honores y premios como asesor del Consejo Nacional sobre el uso y abuso de drogas. Distinguido por su contribución a las políticas públicas para el desarrollo infantil.

Libros: *El apoyo en los años preescolares* (1990), *Promoción de la competencia emocional en niños de edad escolar* (1995).

86. Michael Posner (EE. UU., 1936-actualidad), psicólogo

Especialista en la investigación de la atención de una persona en el proceso de aprendizaje. Desde el aspecto cognitivo y desde el enfoque de la neurociencia. Es profesor de la Universidad de Oregón. (Eugene, Oregón, EE. UU.)

En una revista de psicología de 2002 se le colocó dentro de los 56 psicólogos más importantes del siglo xx.

Fundó y coordinó un programa para la investigación, el estudio del cerebro y la psicología. Estudió la importancia de la atención en las tareas mecánicas de alto nivel para el aprendizaje como la visualización, la lectura y el procesamiento de los números para la capacitación cognitiva.

Expuso sobre el Método sustitutivo expuesto por Franciscus Donders (médico neerlandés que utilizó la econometría mental para hacer estudios sobre el aprendizaje, la memoria y la atención) hace más de 300 años, donde se analizan las operaciones mentales para descomponer desde las más complejas a las más sencillas.

M. Posner investigó en 1994 la localización cerebral de las funciones cognitivas aplicando una técnica (junto a Marcus Reichtle) de neuroimagen que produce mapas funcionales tridimensionales a través de una tomografía por emisión de positrones.

M. Posner obtuvo muchos premios por sus investigaciones científicas como la Medalla Nacional de Ciencia en 2008. Y en 2012 ganó el premio Avance de la Ciencia por la utilización de técnicas no invasivas de mapeos cerebrales funcionales.

El Modelo de M. Posner, también conocido como el paradigma de coste-beneficio, sirve para medir desde el punto de vista psicológico, la capacidad de una persona para sostener la atención, es una prueba neuropsicológica. Señala tres redes atencionales que están conectadas entre sí de forma anatómica y funcional, las cuales son orientación espacial, alerta y control cognitivo.

Libros: *Neurociencia cognitiva de la atención* (1998), *La atención en el mundo social* (2012), *Los fundamentos de las ciencias cognitivas* (1998).

«La teoría de la atención: uso explicativo del concepto, como un hipotético mecanismo subyacente a parte de la fenomenología atencional; como estudio del mecanismo atencional del cerebro».

87. Michael S. Gazzaniga (EE. UU., 1939-actualidad), profesor de psicología y neurocientífico

Se ha dedicado al estudio de la mente en su trabajo en la Universidad de California, Estados Unidos. Realizó trabajo de investigación sobre el cerebro y sus funciones. Aportó indicios científicos de cómo se comunican el hemisferio izquierdo y derecho, así como influyen las funciones laterales en el cerebro.

Para Gazzaniga, la neurociencia cognitiva es una ciencia que relaciona el cerebro y la cognición de una manera mecánica. Define a la neurociencia como la «neuroética de la vida» y como el desarrollo del cerebro define la vida humana.

Fue fundador del Centro de Neurociencias Cognitivas en la Universidad de California, Estados Unidos. Ha escrito muchos libros de divulgación como *El cerebro social* (1993), *El pasado de la mente* (1998), *El cerebro ético* (2010), entre otros.

«Las estrategias sociales y de establecimiento de relaciones con el grupo son muy beneficiosas para la supervivencia de la especie».

88. Miguel de Unamuno (España, 1864-1936), educador, poeta, escritor y filósofo

Perteneció a la Generación del 98. Sus ensayos tuvieron una gran influencia en la España del siglo XX. Fue rector de la Universidad de Salamanca entre los años 1900 y 1924 y luego nuevamente entre 1930 y 1936, cuando regresó del exilio.

Se lamentaba de la pérdida de la influencia de España en el mundo, más cuando se perdió en 1898 la isla de Cuba en manos de los norteamericanos, la última colonia de España en América. Unamuno fue existencialista, se interesó mucho por la relación entre el intelecto y la emoción, la fe y la razón. Estaba apasionado por la inmortalidad. En su trayectoria intelectual desarrolló todos los géneros literarios: ensayo, novela, poesía, periodismo y teatro.

Según algunos escritores e investigadores, Miguel de Unamuno fue asesinado el 3 de diciembre de 1936 en Salamanca, por órdenes del dictador Francisco Franco, que tomó el poder de España en el mismo año. Unamuno fue leal y fiel a su tradición liberal. Fue diputado en las cortes republicanas... «Venceréis, pero no convenceréis», dirigida a sus adversarios.

Libros: *Niebla* (1914), *Del sentimiento trágico de la vida* (1912), *Amor y pedagogía* (1902), *Vida de don Quijote y Sancho* (1905).

«Un pedante es un estúpido adulterado por el estudio».

«La ciencia nos enseña, en efecto, a someter nuestra razón a la verdad y a conocer y juzgar las cosas tal como son, es decir, como ellas mismas eligen ser y no como quisiéramos que fueran».

«Deberíamos tratar de ser los padres de nuestro futuro, no los descendientes de nuestro pasado».

89. Nazaret Castellano (Madrid, 1977-actualidad), licenciada en Física y doctora en Medicina.

Realizó una formación en Matemáticas, Neurociencias y Neurocirugía. Es directora de un proyecto en la relación cerebro-cuerpo en meditación. También practica y enseña *mindfulness*, así como las funciones cognitivas y su aplicación a la neurociencia. Estudia cómo la meditación (que persigue la paz, tranquilidad y relajación mental) ahonda en los mecanismos neuronales que inciden en la atención, la gestión emocional y el autoconocimiento. Explica en su teoría que la relación cerebro-cuerpo y cuerpo-cerebro es muy importante para mantener un equilibrio óptimo en la actividad cardíaca, gástrica y respiratoria. También explica en su teoría e investigación que el ejercicio físico juega un papel muy importante en la microbiota intestinal. Relación cerebro-intestinos e intestinos-cerebro.

N. Castellano tiene muchas conferencias, entrevistas, programas de radio, TV y exposiciones en YouTube que la convierten en una referencia en el campo de la neurociencia. Estudió la propiocepción, que es la posición del cuerpo y los músculos que envían información al cerebro. Es información importante para la homeostasis o equilibrio corporal y la relación cuerpo-cerebro.

Libros: *El espejo del cerebro* (2021), *Neurociencia del cuerpo: cómo el organismo esculpe al cerebro* (2022), *Alicia y el corazón maravilloso: un cuento para aprender a respetar todos los corazones* (2023).

«Cuando te criticas severamente se activan zonas cerebrales que tradicionalmente se relacionan con el dolor físico».

«Recordar experiencias positivas de nuestra vida activa el cerebro».

«Es increíble el efecto del ejercicio físico en la salud mental. Hemos pasado de una época de ir al psiquiatra y acostarnos en el diván, a que el psiquiatra nos diga: "Venga, zapatillas y moverse"».

90. Nel Noddings (EE. UU., 1929-2022), filósofa y educadora

Realizó su trabajo sobre la filosofía de la educación y la ética del cuidado. Pero antes era maestra de matemáticas cuando se inició en la educación. Trabajó en la Universidad de Stanford, Universidad de Columbia y Universidad de Colgate. Además, fue presidente de la Sociedad de Filosofía de la Educación.

La concepción ética de Noddings está relacionada con el cuidado en general y de forma integral de toda persona y sus derechos, que están basados en la libertad y la justicia.

Para esta educadora existen tres requisitos necesarios para el cuidado de una persona en la sociedad:

1. La persona que cuida debe mostrar altruismo y motivación por su tarea.
2. La persona que es cuidada o el que es cuidado debe responder al cuidador con empatía y tomar la misma comprensión con este (el cuidador), ya que la situación personal y física de una persona debe entenderse antes.

3. Una cosa es el cuidado natural y otra el cuidado ético. Se debe distinguir entre actuar a partir del «yo quiero» (gratitud) y actuar a partir del «yo debo» (ético). **Libros:** *Educación moral* (2004), *Cultivar la paz* (2016).

91. Noam Chomsky (EE. UU., 1928), lingüista, politólogo, filósofo y activista

Estudió en la Universidad de Pensilvania. Es una de las figuras lingüísticas más destacadas del siglo xx. Su teoría establece que el cerebro humano posee un conocimiento innato, que preprogramado, que es lo que establecen hoy en día los neurocientíficos, traemos de fábrica una predisposición al lenguaje. Es por eso que el lenguaje es «genético» y se adquiere de forma espontánea por imitación de los niños de sus cuidadores, padres o representantes, mientras que la lectura es un requerimiento cultural. Hay que aprenderlo.

De igual forma, en el contexto social (el hombre por naturaleza es un agente social), se adquiere a partir del lenguaje, la cultura, la moral, la ética y los principales valores sociales.

El propósito de la educación para este filósofo es ayudar a que los estudiantes lleguen a tal punto que aprendan por ellos mismos. Una autoformación según sus intereses.

Su concepto de educación es lograr que los jóvenes, a través del tiempo y su formación, se preparen según lo que quieren dominar, lo que quieren aprender, hacia dónde quieren ir, qué quieren lograr, cómo lo harán, es decir, una formación propia que sea útil para él y para los demás: familia y sociedad. Su trabajo ha influido en muchas disciplinas como la educación, psicología cognitiva, inteligencia artificial y la filosofía del lenguaje.

Libros: *Los guardianes de la libertad* (1988), *Democracia y educación* (2003), *Quién domina al mundo* (2014).

«El propósito de la educación es mostrar a la gente cómo aprender por sí misma. El otro concepto de la educación es el adoctrinamiento».

«Si tuviéramos un auténtico sistema de educación, se impartirían clases de autodefensa intelectual».

«La manipulación mediática hace más daño que la bomba atómica, porque destruye los cerebros».

92. Nolasc Acarín (España, 1941-actualidad), médico especialista en neurología y profesor académico; estudió en la Universidad de Barcelona

Ha publicado muchos libros y artículos científicos en revistas médicas, anuarios de psicología, entre otros.

Fue secretario general de la Sociedad Española de Neurología, cofundador de la *Revista de Neurología* y presidente de la Sociedad Catalana de Neurología. Se ha dedicado fundamentalmente a investigar y estudiar las enfermedades de Alzheimer y Parkinson.

En su libro *El cerebro del rey (vida, sexo, conducta, envejecimiento y muerte de los humanos)* expone cómo funciona el cerebro como órgano fundamental y clave de los seres humanos para pensar, caminar, hablar, hacer la digestión, tomar decisiones, que nuestro corazón no deje de latir, respirar, amar, odiar o ser feliz, prácticamente todo; por eso este libro se llama *El cerebro del rey*. La palabra *cerebro* (del latín *cerebrum*, de raíz indoeuropea *ker* = cabeza, en lo alto de la cabeza, y *brum* = llevar), teniendo un significado arcaico: «lo que lleva la cabeza».

Este órgano (el cerebro) ocupa el 2 % del cuerpo, pesa un kilo y medio, que consume el 25 % del oxígeno de nuestro cuerpo para alimentar a las neuronas (células del cerebro) y de igual forma consume el 20 % del total de nuestra energía, tiene unos 85 000 millones de neuronas. Es literalmente el responsable de la vida.

Este investigador señala que la evolución de la especie humana es fruto de la evolución genética que se fue adaptando a lo largo de millones de años (el hombre de Neandertal hace unos 40 000 años) y el desarrollo del cerebro fue determinante para el surgimiento Homo sapiens, el hombre moderno-contemporáneo. Surgió en África hace unos 300 000 de años.

Libros: *Glosario de Neurología* (1989), *El cerebro del rey* (2001), *Alzheimer: manual de instrucciones* (2010).

93. Oliver Sacks (Reino Unido, 1933-2015), científico, divulgador y escritor de neurología

Su mayor aporte de investigación se centró en tratar el metabolismo de la dopamina, que es un neurotransmisor que ayuda al cerebro a controlar las funciones motrices y está relacionado con el estado de ánimo y la felicidad. Además, O. Sacks trabajó en el déficit de la percepción de la memoria y el lenguaje.

Fue un escritor de historias de sus pacientes de casos de neurología. El más famoso es *El hombre que confundió a su mujer con un sombrero*. Se le llamó El neurólogo que nos despertó. Uno de sus dones era escuchar atentamente a sus pacientes.

Su libro *Despertares* ofreció la visión de las personas con trastornos neurológicos y tuvo un profundo impacto por la percepción de sí mismos (los pacientes) y su interpretación del mundo. Identificó que las enfermedades neurológicas no estaban limitadas al cerebro, sino que eran una integración compuesta entre mente, cerebro, cuerpo y medio ambiente, complejo adaptativo de todo individuo a lo físico y psicológico.

O. Sacks fue neurólogo-consejero médico honorario. También fue honrado por sus trabajos de terapia musical con sus pacientes. Perteneció a la Junta Directiva de Neurociencia de Nueva York. Sus trabajos e investigaciones fueron los más difundidos en 1990 que el de cualquier otro autor médico de su época.

Libros: *El hombre que confundió a su mujer con un sombrero* (1985), *Los ojos de la mente* (2011), *Alucinaciones* (2012), *Despertares* (1973).

«Cada acto de percepción es también un acto de creación y cada acto de memoria es también un acto de imaginación».

«No habrá nadie como nosotros cuando nos hayamos ido, pero tampoco no habrá nadie como cualquier otra persona, nunca».

«Los niños muy pequeños aman y exigen se les cuenten historias, y pueden comprender asuntos complejos presentados como historias, cuando sus poderes de comprensión de conceptos generales, paradigmas, son casi inexistentes».

94. Ovide Decroly (Bélgica, 1871-1932), filósofo, neurólogo, psicólogo y pedagogo

Su teoría se fundamenta en que la condición humana debe partir de su propia biología y naturaleza, satisfaciendo sus necesidades básicas para su crecimiento, realización y conservación personal. Y expone que el fin último de la educación es permanecer vivo sobre todas las cosas.

En su pedagogía le da mucha importancia al juego de los niños, al recurso didáctico, al medio ambiente para darle un buen impacto a la educación y formación de los niños, sobre todo desde el nivel preescolar. Descubrir las necesidades del niño permite conocer y detectar sus intereses, lo cual ayuda a mantener y atraer su atención (base del aprendizaje) para que el propio niño busque y localice los conocimientos deseados.

Decroly defendía que «los conceptos son los que deben adaptarse a los alumnos y no los alumnos a los conceptos».

Su lema era: «Escuela para la vida y vida para la escuela».

Una vez cubiertas las necesidades básicas de los niños, como comida, salud, bienestar, vestimenta y vivienda, se debe fomentar los buenos hábitos de estudio con asignaturas, temas y contenidos atractivos para el aprendizaje, y que los mismos deben llegar (a los niños) a través de los cinco sentidos, viendo, oyendo, sintiendo, oliendo y probando.

Libros: *El juego educativo: iniciación a la actividad creativa y motriz, Versión de la escuela innovadora, Las necesidades de la inteligencia del niño.*

«La escuela ha de ser para el niño, no el niño para la escuela».
«La educación no es dar carreras para vivir, sino templar el alma para los desafíos de la vida».

95. Pablo Fernández Berrocal (España, 1967-actualidad), psicólogo

Experto en evolución y desarrollo de la inteligencia emocional. Es colaborador y divulgador en muchas revistas y periódicos, así como coautor de varios libros. A nivel universitario imparte varias cátedras de Psicología sobre la inteligencia emocional.

Es profesor de la Universidad de Málaga, así como promotor de programas sobre la inteligencia emocional en diferentes ámbitos sociales, educativos y empresariales.

Coautor de los siguientes libros: *Corazones inteligentes* (2002), *Autocontrol emocional* (2002), *Manual de inteligencia emocional* (2007).

Autor de los siguientes libros: *Inteligencia emocional: aprender a gestionar las emociones, El arte de razonar. Psicología del pensamiento.*

Para Pablo Fernández Berrocal:

«Las emociones (en la cara de las personas) son un superpoder que tenemos, pero no sabemos que lo tenemos».
«Si no educamos tanto los aspectos emocionales como los aspectos cognitivos de una persona, entonces, no estamos educando globalmente».
«Las personas más felices no son las más inteligentes».

GIOVANNI AÑEZ

96. Paul Ekman (EE. UU., 1934-actualidad), psicólogo, pionero en la investigación y estudio de las emociones y su expresión facial

Estudió en la Universidad de Nueva York y en la Universidad de Chicago; fue profesor de Psicología en la Universidad de California. Su teoría establece que los músculos faciales se mueven cuando tiene lugar un particular efecto (una emoción); los estímulos desencadenantes y los efectos sociales pueden variar de una cultura a otra.

Paul Ekman creó una teoría que demuestra cómo las expresiones emotivas (las emociones básicas, según este autor, son: miedo, tristeza, ira, alegría, sorpresa y asco) se manifiestan en el rostro. Esto se llama «sistema de codificación de acción facial», que sirve para clasificar el tipo de emoción que está viviendo una persona a través de la expresión facial. Estableció en sus escritos que existen ocho tipos de sonrisa y solo una es verdadera.

La emoción siempre va primero; sin emoción, no va a haber un sentimiento. Una misma emoción (ejemplo: alegría, miedo, etc.) puede despertar diversos sentimientos en una persona. Las emociones son reacciones psicofisiológicas que ocurren de manera espontánea y automática. Una emoción se transforma en sentimiento en la medida que uno toma conciencia de ella y logra etiquetarla tal cual es: cómo lo siente, cómo la interpreta. Las emociones en el subconsciente derivan del pensamiento y el pensamiento precede al sentimiento.

Estableció la teoría de las microexpresiones, que son expresiones faciales que realiza el ser humano de manera involuntaria y automática; estas duran menos de un segundo, pero pueden permitir reconocer el estado emocional de una persona. Las microexpresiones son de carácter universal; se producen por ciertos genes que hacen que ciertos grupos de músculos de la cara se contraigan cada vez que aparece un estado emocional básico.

Libros: *Sabiduría emocional* (1972), *El rostro de las emociones* (2017).

«Nosotros experimentamos las emociones cómo nos suceden, no como las hemos elegido».

«Mientras que nuestros pensamientos son totalmente privados, la mayoría de nuestras emociones se detonan por una señal distinta que ayuda a los demás a comprender cómo nos sentimos».

«La gente tiene más práctica en mentir con las palabras que con la cara».

«Aprender a reconocer las emociones en la cara de las personas puede proporcionarnos una valiosa información sobre sus pensamientos y sentimientos».

97. Paul MacLean (Estados Unidos, 1913-2007), médico neurocientífico

Estudió en la Universidad de Yale. Se especializó en neurociencia. Hizo contribuciones en la psicología y psiquiatría. Propuso la teoría del cerebro triúnico o triuno, que establece que el cerebro humano está compuesto por tres cerebros: reptiliano, un cerebro límbico y la neocorteza o neocórtex, los cuales interactúan permanentemente en forma conjunta para determinar la conducta de una persona. El cerebro triuno responde a una clasificación basada en la evolución de la especie humana.

El cerebro reptiliano controla el comportamiento y la conducta instintiva para estar alerta; es una respuesta automática para sobrevivir de cualquier mamífero. El cerebro límbico es el que controla las emociones y el comportamiento, y la neocorteza (neocórtex) es responsable de la conducta, resolución de problemas, toma de decisiones y funciones ejecutivas del cerebro (planificación, organización, etc.).

Resaltó las investigaciones y estudios realizados por James Papez (1883-1958), neurólogo norteamericano, sobre la psicobiología, que es la vía neuronal del sistema límbico como control de las emociones por parte de la corteza cerebral.

Esta teoría del cerebro triuno, hoy en día, no es apoyada por buena parte del mundo científico, ya que los nuevos estudios sobre el cerebro, basados en evidencias científicas, determinan que el cerebro trabaja de forma holística.

Libros: *Evolución del cerebro triuno* (1990), *Concepto del cerebro triuno* (1973), *Evolución del cerebro* (1984).

«El modelo cerebro triuno concibe al ser humano como ser constituido por múltiples capacidades interconectadas y complementarias; de allí su carácter integral y holístico, que permite explicar el comportamiento desde una perspectiva más integrada, en donde el pensar, el sentir y el actuar se comprometen en un todo que influye en el desempeño del individuo».

98. Paul Pierre Broca (Francia, 1824-1880), médico francés

Anatomista y antropólogo cuyo descubrimiento e investigaciones determinaron las áreas del cerebro que controlan el lenguaje. Fue un inventor que desarrolló muchos instrumentos para hacer mediciones del cráneo, así como mapas de las actividades cerebrales.

Su principal objetivo era determinar la relación entre la inteligencia y el cerebro. El área del cerebro donde está ubicada la producción del lenguaje es el lóbulo frontal, más concretamente, en la tercera circunvolución frontal, en las secciones opercular y triangular del hemisferio dominante para el lenguaje. Recibe el nombre de área de Broca.

Libros: *Atlas de la descripción de la anatomía del cuerpo humano* (1866), *Memoria de la antropología* (1864).

99. Paulo Freire (Brasil, 1921-1997), filósofo, pedagogo y educador

Aportó notables enseñanzas a la pedagogía intencional. Su teoría propone una lectura crítica que no genera desesperanza, sino todo lo contrario: valor y actitud para construir algo nuevo que beneficie la construcción de una nueva vida. Tenía una orientación ideológica marxista que impulsaba a través de una «conciencia crítica».

Este pedagogo brasileño señalaba que «los sujetos construyen sus conocimientos en una relación dialógica (que concierne al diálogo) con el contexto, a partir de sus experiencias y reflexiones sobre su vida cotidiana».

Su pensamiento filosófico-educativo se centraba en la necesidad de cambiar a través de la alfabetización, de tal modo que los sectores más empobrecidos se conozcan a sí mismos (tomar conciencia de sí mismos) y se desarrollen socialmente.

Para Paulo Freire, la educación debe servir para que los maestros y profesores, «aprendan a leer la realidad para escribir su historia». Es decir, la educación, como agente transformador del pensamiento.

Libros: *Pedagogía del oprimido* (1968), *La educación como práctica* (1967), *La importancia del acto de leer* (1981).

«Enseñar no es transferir conocimientos, sino crear las posibilidades para su propia producción o construcción».

«Enseñar exige respeto a la autonomía del ser del educando».

«Alfabetizarse no es aprender a repetir palabras, sino a decir su palabra».

100. Peter Salovey (Estados Unidos, 1958), psicólogo

Es un profesor de la Universidad de Yale, Estados Unidos. Investigador y divulgador de la teoría de la inteligencia emocional. Junto con otro colega, John Mayer, publicaron por primera vez el concepto de inteligencia emocional en 1990 en un artículo publicado por la Universidad de Yale, EE. UU.

Describen la inteligencia emocional como la capacidad que tiene toda persona (si se lo propone, capacidad cognitiva) de conocer sus propios sentimientos y emociones (identificados e interpretados) para mantener una buena relación social en su entorno y consigo mismo. Salovey ha hecho grandes aportes sobre la psicología social.

El modelo de Salovey-Mayers establece cuatro ramas de la inteligencia emocional: la percepción emocional, estimulación emocional, comprensión y manejo emocionales.

Para Mayer y Salovey (1977) la inteligencia emocional es «la habilidad para percibir, valorar y expresar emociones con exactitud, la habilidad para acceder y/o generar sentimientos que faciliten el pensamiento, la habilidad para comprender emociones y el conocimiento emocional, y la felicidad para regular las emociones».

Libros: *Inteligencia emocional, El directivo emocionalmente inteligente.*

«La inteligencia emocional consiste en la habilidad para mejorar los sentimientos y emociones, discriminar entre ellos y utilizar estos conocimientos para dirigir sus propios pensamientos y acciones».

101. Platón (Grecia, 428 a. C.-347 a. C.), filósofo

Fue el fundador de la Academia de Atenas, escuela dedicada al desarrollo del conocimiento, entre los cuales están la astronomía, las matemáticas, la medicina y la filosofía, para llegar al entendimiento del ser humano a través de la razón. Se considera a Platón uno de los pensadores más originales e influyentes de toda la historia de la filosofía occidental y es vinculante para comprender la historia actual.

Los tipos de conocimientos según Platón son:

1. La **imaginación**: a través del grado de conocimiento que tenga el ser humano.
2. Las **creencias**: en qué cree para construir su mundo y su realidad.
3. **Conocimiento**: que deduce el hombre como ser social.
4. **Inteligencia o intuición**: el desarrollo práctico y social; cómo determina lo que vive, cómo lo vive y para qué lo vive.

El mito de la caverna de Platón, explicación metafórica: «El gran privilegio del hombre, la importancia del conocimiento».

Para Platón, la educación es la tarea más importante que debe abordar una sociedad.

Libros: La República o el Estado, Diálogos, La defensa de Sócrates, El banquete.

«El hombre sabio querrá estar siempre con quien sea mejor que él».

«El objetivo de la educación es la virtud y el deseo de convertirse en un buen ciudadano».

102. Rafael Bisquerra (España, 1949-actualidad), doctor en Ciencias de la Educación y licenciado en Pedagogía y Psicología

Es director del Postgrado en Educación Emocional y Bienestar y del programa en inteligencia emocional de la Universidad de Barcelona. Fue presidente de la RIEEB (Red Internacional de Educación Emocional y Bienestar, España).

Expone que la educación emocional es un constructo que abarca la formación integral de una persona, tanto su propia expresión emocional y conducta, como su relación social con otras personas. Debe existir una regulación emocional en toda persona que consiste en controlar la impulsividad, la tolerancia y la frustración para prevenir y aceptar su estado emocional.

En las competencias emocionales de R. Bisquerra existen cinco dimensiones básicas, las cuales son: cooperación, asertividad, responsabilidad, empatía y autocontrol. Las emociones tienen, según este investigador, los siguientes objetivos para una vida plena:

1. Aclarar nuestro pensamiento para la paz interior.
2. Reforzar nuestro sistema inmunitario para mantenernos sanos.
3. Protegernos de los peligros y amenazas.
4. Tomar las mejores decisiones como un acto de inteligencia en diferentes situaciones.

Pero también las emociones nos deben prevenir del estrés, conflictos, impulsividad y desaciertos de la vida.

Para este autor, las competencias emocionales, como la conciencia emocional, la regulación emocional, la autonomía emocional, las competencias sociales y las habilidades de vida, se pueden y se deben enseñar tanto en la familia como en la escuela a todos los niños y adolescentes desde los primeros años de vida.

Libros: *Educación emocional* (2013), *10 ideas sobre educación emocional* (2016), *Prevención del acoso escolar con educación emocional* (2014).

«Una buena educación emocional desde el nacimiento es un predictor de rendimiento académico y de bienestar».

«El dominio del vocabulario emocional es un requisito para conocer nuestras emociones y saber gestionarlas de forma adecuada».

«En el siglo xx la educación ha sido casi exclusivamente cognitiva. En el siglo xxi tenemos grandes retos que son eminentemente emocionales».

103. Rafael Yuste (España, 1963–actualidad), médico neurólogo

Es uno de los principales impulsores del proyecto BRAIN. El proyecto cerebro humano es una investigación desarrollada y apoyada por la Unión Europea que agrupa un equipo de médicos y científicos para elaborar un modelo computarizado del cerebro humano y ver su funcionamiento.

Estudió en la Universidad Autónoma de Madrid y también estudió en la Universidad Rockefeller, donde se doctoró en neurobiología. El área de trabajo de este neurocientífico es descifrar el código neuronal (relación neuronas-comportamiento) estudiando los circuitos neuronales, la técnica de imágenes por calcio y el mapa de la actividad cerebral o fotoestimulación.

Su principal preocupación ética está relacionada con las neurotecnologías, una ciencia que puede invadir la privacidad de la población o sociedad, lo cual considera una violación a la privacidad y al pensamiento de cada persona.

Libros: *Los nuevos retos de las neurotecnologías y su impacto en la ciencia, medicina y sociedad* (2019), *Imagenología* (2011), *Lecturas en neurociencias* (2023), *El cerebro, el teatro del mundo* (2024).

«Nuestro cerebro funciona como las redes mundiales de internet con la energía que proporciona un bocadillo».

«Hay que proteger el cerebro como el santuario de nuestra mente porque ahí se genera la identidad humana».

104. Ralph Reitan (EE. UU., 1922-2014), neuropsicólogo

Se le considera uno de los fundadores de la neuropsicología clínica, estudiando la relación cerebro-conducta. Desarrolló la teoría del empirismo basado en la evidencia práctica para una evaluación neuropsicológica, la cual consistía en detectar los daños en el lóbulo frontal, que está relacionado con la toma de decisiones, planificación, organización, responder ante cualquier situación con la parte del cerebro racional.

El Dr. Reitan contribuyó a construir una batería neuropsicológica con un colega de West Halstead, para medir los daños cerebrales en una persona. Esta batería puede medir, entre otras cosas, la sensación y la percepción, las habilidades motoras, el aprendizaje, la memoria, el lenguaje y la formación de los conceptos en el cerebro de una persona en estudio. Esta batería para estudiar el comportamiento del sistema nervioso de un paciente sirvió para recopilar datos y se utilizó como herramienta clínica.

Reitan también desarrolló la Escala de Déficit Neuropsicológico, que se convirtió en un indicador para medir los daños cerebrales en el estudio de pacientes con daños cerebrales. Esta escala consta de 14 estados los cuales son: motora, rítmica, táctil, visual, lenguaje receptivo y expresivo, escritura, lectura, memoria, intelectual, hemisferio derecho e izquierdo.

Reitan recibió muchos premios y reconocimientos por su trabajo científico y escribió muchos artículos en la divulgación de su aporte neuropsicológico.

Libros: *La importancia psicológica compartida del envejecimiento con un daño cerebral* (1962), *Problemas metodológicos en neuropsicología clínica* (1974), *La distribución según la edad de una medida psicológica dependiente de las funciones cerebrales orgánicas* (1995).

105. Randy L. Buckner (EE. UU., 1965–actualidad), psicólogo y neurocientífico estadounidense

Sus estudios e investigación se centran en comprender cómo los circuitos cerebrales neuronales respaldan la función mental y cómo surgen las enfermedades.

Es miembro del Centro de Ciencias del Cerebro de la Universidad de Harvard, donde dirige la investigación de neuroimagen psiquiátrica para explorar la organización y función de las redes cerebrales (neuronas) humanas a gran escala, que contribuyen a la capacidad cognitiva de toda persona.

En su estudio, busca identificar y comprender las disfunciones que pueden surgir a raíz de enfermedades neuropsiquiátricas y neurodegenerativas. Este enfoque permite no solo abordar los síntomas antes de que la enfermedad se manifieste clínicamente, sino también diseñar estrategias de prevención que puedan aplicarse de manera oportuna.

Por otro lado, la investigación liderada por Randy L. Buckner y su equipo ha contribuido significativamente al entendimiento de la organización funcional del córtex cerebral, el cuerpo estriado, redes neuronales, memoria, neurodegeneración y otras regiones clave del cerebro.

Estos estudios han permitido profundizar en los mecanismos que sustentan procesos esenciales como la memoria y el control cognitivo, sentando las bases para avanzar en el tratamiento de trastornos relacionados con estas funciones.

Libros: *Neurociencias cognitivas* (2009), *Neurociencia cognitiva: una introducción* (2017), *El cerebro y la memoria: una guía para entender cómo funciona la mente* (2015).

106. Raymond J. Dolan (Irlanda, 1954-actualidad), neurocientífico

Profesor de neuropsiquiatría en la University College London. Reconocido por sus estudios e investigaciones sobre las emociones humanas. Su trabajo se ha centrado en investigar cómo el cerebro humano regula las emociones y ha identificado que la amígdala, una región cerebral, es determinante en las respuestas emocionales.

El trabajo de investigación de este neurocientífico ha demostrado que las emociones son parte de las experiencias humanas que influyen en nuestras acciones, conductas y elecciones de la vida diaria.

Con el trabajo de investigación de R. J. Dolan se conoce con más precisión las áreas del cerebro involucradas en el control de las emociones y en la toma de decisiones que se ubican en la corteza prefrontal del cerebro, responsable de las funciones ejecutivas que afectan a la memoria y al aprendizaje.

Libros: *Neurociencia de la preferencia y la elección* (2011), *Función del cerebro humano* (2004).

107. Reinhard Pekron (Alemania, 1952-actualidad), científico, psicólogo e investigador educativo

Estudió en la Universidad de Múnich. Ha realizado muchas aportaciones sobre las emociones. Da clase en la Universidad de Essex, en Inglaterra, y también colabora y trabaja para la Universidad Católica de Sídney, Australia. Su área de investigación se basa en la emoción y la orientación al logro. Para la educación son importantes las emociones, ya que ellas son el pegamento del aprendizaje.

Este psicólogo diseñó un instrumento para evaluar las distintas emociones en el área educativa y analizar cómo afecta, entre otras emociones, la ansiedad, la vergüenza, el orgullo, la esperanza, el aburrimiento, y otras, que influyen en el rendimiento académico.

Para este autor, las emociones tienen efectos importantes en el aprendizaje de los estudiantes, ya que controlan su atención, influyen en la motivación para aprender (sin motivación no hay aprendizaje), ayudan al alumno a establecer estrategias de estudio y aportan la autorregulación de su aprendizaje. Las emociones son parte de la identidad del estudiante.

Libros: La emoción en la escuela (2011), La teoría del control-valor en las emociones (2007).

«Descubrimos que sentimientos como la ansiedad y la ira a veces pueden motivarnos más que el disfrute o la relajación».

108. René Descartes (Francia, 1596-1650), físico, matemático y filósofo

Se le considera el padre de la geometría analítica y la filosofía moderna. Fue influenciado por Immanuel Kant, John Locke, Baruch Spinoza. Estudió en la Universidad de Poitiers, Francia, fundada en 1431.

Una de las frases más conocidas de René Descartes fue *Cogito, ergo sum* (pienso, luego existo), en la que podamos estar seguros de que existimos, ya que el mismo hecho de pensar demuestra que existimos.

Esto fue refutado por el neurólogo portugués Antonio Damasio, quien en 1994 publicó en su libro *El error de Descartes* que primero se debe existir, evidentemente, para luego pensar, y su error sería «no haber visto que las emociones y los sentimientos son fundamentales para entender que la mente y el cuerpo van unidos[3]».

René Descartes incursionó en el terreno de muchas ciencias de su época. Hizo aportaciones a la mecánica, la óptica, las matemáticas, la geología, la antropología y la medicina. Se le considera el padre de la psicología.

En el campo de la filosofía, Descartes consideraba que el estudio de la sabiduría y la filosofía era el conocimiento de todas las cosas que los seres humanos pueden y deben conocer para entender su vida social. Para Descartes, todas las ciencias están interconectadas y se deben estudiar en conjunto por la búsqueda de la verdad.

Libros: Discurso del método: para dirigir bien la razón y buscar la verdad en las ciencias (1637), Meditaciones metafísicas (1641), Principios de la filosofía (1644).

> «Para investigar la verdad es preciso dudar, en cuanto es posible, de todas las cosas».
> «La razón y el juicio son la única cosa que nos hace hombres y nos distingue de los animales».

---

[3]   A. Damasio (1994).

109. Richard Davidson (EE. UU., 1951-actualidad), psicólogo y profesor de psiquiatría en la Universidad de Wisconsin, Madison

Su teoría expone cómo la meditación cambia el cerebro (la mente) y el cuerpo. Investigó cómo la neurociencia afectiva cultiva el bienestar de nuestros profesores y de los alumnos.

Doctor en Neuropsicología, es fundador del Centro de Investigación de «Mentes Saludables» de la Universidad de Wisconsin.

Desarrolló el programa neurocientífico *Mindfulness* (corazón de la atención plena), en el que trabaja las emociones y trata de prevenir, entender y afrontar el acoso.

En sus estudios expone que «la neurociencia afectiva es el estudio de los mecanismos que subyacen a la emoción y la regulación de la emoción». La emoción es la clave para el bienestar y el bienestar se puede cultivar y se puede considerar una habilidad. La neurociencia estudia las emociones recordando que las emociones (en el ámbito escolar) son el pegamento del aprendizaje.

Libros: *El papel emocional de tu cerebro* (2012), *Los beneficios de la meditación* (2017).

«La investigación científica ha demostrado claros beneficios de cultivar el bienestar en medidas de atención, autorregulación, empatía y comportamiento social».

110. Roberto Aguado (España, 1964-actualidad), psicólogo y profesor

Es tutor de la UNED, docente, investigador y autor de varios libros. Su proyecto insignia es «Vinculación Emocional Consciente (VEC)». Es un modelo de inteligencia emocional desarrollado a lo largo de su vida profesional en colegios, institutos, universidades y en organizaciones de maestros, docentes, padres y representantes.

Este proyecto busca canalizar la situación que vive toda institución educativa en su convivencia (alumnos, maestros, profesores, personal administrativo) dentro del aspecto vivencial, relaciones, emociones, problemas, conflictos, entre otros, y superarlos analizando todas las facetas que influyen en el ambiente educativo del colegio y todos los factores que involucra.

La mente no se puede concebir sin las emociones (la mente entendida como las ideas, los pensamientos, lo cognitivo de toda persona). Las emociones vienen del mundo sensorial y por eso este autor expone: «Eres lo que sientes», uno de sus libros de investigación.

Su teoría de «la emoción decide y la razón justifica», donde explica cómo las emociones son las que dirigen la vida de una persona. Más del 90 % de las decisiones que toma una persona al día son emocionales y apenas un 10 % se toman de forma razonada.

Hay que saber emocionarse, expone Aguado, eso es parte de la inteligencia emocional para poder llevar una vida equilibrada y sobrevivir en sociedad.

Libros: *Es emocionante saber emocionarse* (2014), *La emoción decide y la razón justifica* (2015), *Vivencia, experiencia y recuerdo: diálogos con tu pasado* (2022).

«Lo importante no es saber lo que hay que hacer, sino ser capaz de hacerlo».

«Hay que saber pasar del sufrimiento a la satisfacción».

«Descubre el poder de tus emociones».

111. Roger Weissberg (EE. UU., 1951-2021), psicólogo

Realizó investigaciones en el campo de la psicología sobre el aprendizaje social y emocional. Fue profesor de la Universidad de Illinois en Psicología y Educación. Se graduó *summa cum laude* en la Universidad de Rochester.

Su trabajo de investigación se centró en el programa del aprendizaje socioemocional, que ha interesado a todos los docentes, padres, estudiantes, por su impacto positivo para crear condiciones óptimas de aprendizaje desde el preescolar hasta el bachillerato y que requiere políticas públicas acordes con los intereses de toda la comunidad educativa. Los involucra en el desarrollo de programas afectivos de apoyo, solidaridad, comunicación, motivación para lograr una educación de calidad en un ambiente en condiciones afectivas óptimas.

Libros: *Aprendizaje social y emocional* (2016), *Perspectiva interdisciplinaria infantil y juvenil* (coautor, 1997).

112. Santiago Ramón y Cajal (España, 1852-1934), médico y científico

Se le considera el padre de la neurociencia moderna. Contribuyó al conocimiento de la anatomía microscópica del tejido nervioso, porque sus estudios se centraron en la investigación del sistema nervioso. Identificó a la neurona como la unidad básica del sistema nervioso. Escribió diversos ensayos filosóficos, realizó ilustraciones científicas e incluso fue un hábil fotógrafo.

Su interés por la ciencia y la medicina comenzó durante su adolescencia. Posteriormente, decidió estudiar Medicina en la Universidad de Zaragoza. Se graduó en 1873 y comenzó a trabajar como médico en varios hospitales de España.

Fue premio Nobel de Medicina en 1906, premio que compartió con el también médico e investigador italiano Camillo Golgi. La teoría neuronal de Santiago Ramón y Cajal es uno de los mayores hitos de las neurociencias.

Escribió varios libros, como *Reglas y consejos sobre investigación científica* (1899), *El mundo visto a los ochenta años* (1934), *Las técnicas de la voluntad* (1899).

«O se tienen muchas ideas y pocos amigos o muchos amigos y pocas ideas».
«Las ideas no hacen mucho, hay que hacer algo con ellas».

113. Sarah-Jayne Blakemore (Inglaterra, 1974-actualidad), profesora de psicología y neurociencias

Estudió en la Universidad de Oxford y es profesora de psicología y neurociencias cognitivas en la Universidad de Cambridge, Reino Unido.

Su estudio se centra en el desarrollo de la cognición social y la toma de decisiones en los adolescentes, así como en la salud mental. Analiza el comportamiento conductual en los escolares utilizando recursos como las neuroimágenes (resonancias magnéticas funcionales) y otras herramientas tecnológicas, muy avanzadas para su estudio e investigación.

Fue investigadora en el posdoctorado desde el 2001 hasta el 2003, sobre la percepción de la causalidad en el cerebro humano. Participó activamente en el programa «La conciencia pública de la ciencia», que es un programa donde se relaciona la conciencia social, las actitudes, los comportamientos, las opiniones y vínculos de la sociedad con el círculo o mundo científico.

Su investigación se centra en la cognición social (todo el conocimiento, ideas, pensamiento, etc. que tiene una persona), la toma de decisiones y el mundo de la adolescencia. Le han otorgado varios premios, como el doctorado de la Sociedad Británica de Psicología en 2001, entre otros.

Los elementos desarrollados por esta neurocientífica son: desarrollo del cerebro adolescente, toma de decisiones y riesgos, neurobiología de la emoción y meditación.

Libros: *Cómo aprende el cerebro: las claves para la educación* (2005, coautor), *La invención de uno mismo* (2018).

«Hay seguramente un buen motivo por el cual los adolescentes cuidan mucho el estar incluidos por su grupo social y se arriesgan más cuando están con sus amigos».

114. Séneca (Corduba —actual Córdoba—, España, 4 a. C.-65.), filósofo, poeta, dramaturgo y escritor

Se formó como político y filósofo en Roma, conocido por sus principios de carácter moral. Escribió muchas obras que se vinculan a los principios de la ética para ser útil a los demás. Decía: «La sabiduría y la virtud son la meta de la vida moral, lo único inmortal que tienen los mortales».

Para Séneca, la felicidad solo se puede alcanzar con una vida plena, equilibrada y un alma sana en un cuerpo saludable.

En su filosofía, sostiene que hay que educar para la vida. «Aprendemos para la vida y no para la escuela». La enseñanza y la educación —decía— debían tener un fin práctico y útil.

Los aportes filosóficos de Séneca se centran en la ética y la moral, que tienen que ver con la conducta humana, evaluar las acciones y decisiones humanas y determinar lo correcto de lo incorrecto, lo bueno de lo malo. Séneca argumentó que las emociones deben ser controladas para lograr la tranquilidad y sabiduría.

Principal obra: *Cartas de un estoico, Cartas a Lucilio.*

«No hay viento favorable para el que no sabe dónde va».
«La educación es lo que sobrevive cuando lo que se ha aprendido ya se ha olvidado».
«El principio de la educación es predicar con el ejemplo».

115. Sigmund Freud (Austria, 1856-1939), médico neurólogo

Se le considera el padre del psicoanálisis. Su estudio e investigación se centraron en la neurología (estudio del sistema nervioso central y las enfermedades del cerebro), pero luego centró su trabajo en la psicología. Buscó una explicación de cómo opera la mente, que dividió en tres partes: ello, yo y superyó, que vienen a representar el impulso psíquico que se produce en la mente humana, que es el motor del pensamiento y comportamiento humano.

La teoría de Sigmund Freud se basa en que los primeros años de vida de un individuo (niñez) son fundamentales para su vida de adulto. Esta es la línea esencial del psicoanálisis. Su mayor aporte fue la creación del psicoanálisis, una teoría sobre el pensamiento de la mente y un método para tratar problemas mentales.

Libros: *La interpretación de los sueños* (1899), *El malestar en la cultura* (1930), *Más allá del principio del placer* (1920), *Psicología de las masas y análisis de yo* (1921).

«Si entendiéramos completamente las razones del comportamiento de otras personas, todo tendría sentido».

«Ser completamente honesto con uno mismo es un buen ejercicio».

«La historia es solo gente nueva que comete viejos errores».

«No somos responsables de nuestros sueños».

116. Sir Charles Scott Sherrington (Inglaterra, 1857-1952), neurofisiólogo

Descubrió la función integradora del sistema nervioso y la corteza cerebral. Fue quien acuñó el término *sinapsis* en 1897 y fue premio Nobel de Medicina y Fisiología en 1932.

Se le considera el padre de la neurociencia actual. Con su investigación, localizó las funciones del córtex cerebral.

Fue profesor de varias universidades, como la de Londres, Liverpool y en la Universidad de Oxford en 1913. Escribió varias obras, entre las cuales se encuentra *El cerebro y sus mecanismos* (1933).

«El cerebro es un misterio; lo ha sido y lo seguirá siendo. ¿Cómo produce pensamientos? Esa es la pregunta central y aún no tenemos respuesta».

117. Sir Ken Robinson (Reino Unido, 1950-2020), educador, escritor y orador

Experto en el modelo de la escuela creativa, calidad de la enseñanza, innovación pedagógica y recursos humanos.

Sostiene que la educación debe tener principios basados en la imaginación como fuente de todo logro humano. En todo momento, la educación debe potenciar la inteligencia, ya que ella es la base de todo ser humano y, por ende, de la sociedad. Señalaba que se debe sacar todo el talento individual que todos poseemos para tener una mayor educación y una mejor sociedad.

Para Ken Robinson, la inteligencia humana tiene tres características:

- Es diversa: como la teoría de Howard Gardner de las inteligencias múltiples.
- Es dinámica: crece, muta, se expande y se alimenta a través de todos los sentidos de nuestro cuerpo: oído, tacto, gusto, olfato y vista.
- Y está en constante movimiento y crecimiento en el tiempo y espacio.

Libros: *Encuentra tu elemento* (2013), *Escuelas creativas: la revolución que está transformando la educación* (2026), *Tú, tu hijo y la escuela* (2019).

«La creatividad es el proceso de tener ideas originales que posean valor».

«Los niños de ahora harán trabajos que aún no están inventados».

«Si no estás preparado para equivocarte, nunca llegarás a nada original».

118. Sócrates (Grecia, 470 a. C.-399 a. C.), filósofo

Fue maestro de Platón, quien a su vez fue maestro de Aristóteles, siendo los tres grandes fundadores de la filosofía, tanto occidental como universal. A Sócrates se le considera el padre de la filosofía.

Para Sócrates, el vicio es el resultado de la ignorancia. Toda persona con virtud actúa de manera justa. Aportó un gran fundamento filosófico a la lógica y la ética: «La verdad se identifica con el bien moral».

Entre su legado está que «la filosofía debe ser un ejercicio de aporte práctico para la vida de los hombres». La verdad se identifica con el bien moral, lo que significa que quien conozca la verdad no podrá menos que practicar el bien. Saber y virtud coinciden; por lo tanto, quien conoce lo justo actuará con rectitud y el que hace el mal es por ignorancia. La base de la enseñanza de Sócrates era inculcar en los jóvenes los conceptos de justicia, amor y virtud.

Libros: Sócrates no escribió ninguna obra propia, porque creía que cada uno debía desarrollar sus propias ideas. Se conoce de sus legados por sus discípulos: Platón, Jenofonte, Aristipo, entre otros.

«Prefiero el conocimiento a la riqueza, ya que el primero es perenne, mientras que el segundo es caduco».

«La educación es el encendido de una llama, no el llenado de un recipiente».

«No puedo enseñar nada a nadie, solo los puedo hacer pensar».

119. Stanislas Dehaene (Francia, 1965-actualidad), neurocientífico cognitivo

Se ha dedicado a la investigación de las neuronas y de cómo se forma la conciencia. También se ha dedicado a la investigación de la cognición numérica, de la cual escribió un libro que ganó un premio por su aporte científico a este estudio.

S. Dehaene ha investigado sobre los conectores neuronales de la conciencia, lo cual lo llevó a escribir el libro *La neurociencia cognitiva de la conciencia*. Utilizó para esta investigación experimentos computacionales de conciencia. También utilizó neuroimágenes del parpadeo atencional para alcanzar la conciencia consciente de la persona en estudio.

En la investigación de las bases neuronales de la lectura, junto con su colega Laurent Cohen, estudiaron las regiones del flujo ventral del cerebro para el reconocimiento de las palabras y la parte del cerebro, corteza temporal inferior, para las palabras escritas en los pacientes en estudios. Esto significó un gran aporte científico de la neurociencia para el reconocimiento de las letras y palabras, que es cómo se aprende a leer y escribir, y, sobre todo, en personas que han padecido patologías cerebrales o aquellos adultos que por motivos sociales o culturales nunca aprendieron a leer y escribir.

Para este neurocientífico, existen tres pilares fundamentales para el aprendizaje:

1. La atención: para que el cerebro se concentre en lo que oye, ve o siente de la información que está recibiendo de su maestro o profesor.

2. Compromiso activo: el cerebro es un órgano activo en el aprendizaje por lo tanto debe existir el compromiso por parte de los alumnos por el aprendizaje.
3. Retroalimentación: es superar errores, para que el alumno pueda tener la oportunidad de concentrarse y superar el reto.

Consolidación, es aprender por etapas, por fases, es una consolidación de la información y del aprendizaje para que el cerebro adquiera la nueva información.

Libros: *Aprender a leer* (2019), *¿Cómo aprendemos?* (2019), *La conciencia en el cerebro* (2025), *El cerebro lector: últimas noticias de las neurociencias sobre la lectura* (2022).

«La ciencia de la lectura es compatible con una gran libertad pedagógica, con estilos de enseñanza muy variados y con numerosos espacios que abren camino a la imaginación de los maestros y niños».
«El aprendizaje posee un valor intrínseco para el sistema nervioso; lo que llamamos curiosidad no es otra cosa que la explicación de este valor».

120. Stephen Hawking (Reino Unido, 1942-2018), físico, astrofísico, cosmólogo y divulgador científico

Presentó su teoría del cosmos que explica la unión de la relatividad y la mecánica cuántica. Los estudios e investigaciones de S. Hawking, en su mayoría, se relacionan entre sí, ya que en la naturaleza física todo está concatenado.

Entre sus aportes están:

- Los agujeros negros, la radiación de Hawking
- Confirmación del Big Bang
- La teoría del Todo. Evolución del universo
- Definición del tiempo en el universo

Junto con el astrofísico inglés, Roger Penrose, demostró la Teoría general de la relatividad de Einstein, que relaciona el tiempo y el espacio, que tuvo su principio en el Big Bang (el nacimiento del universo) y la existencia de los agujeros negros. Hawking fue el primero en presentar una teoría de cosmología y la unión entre la teoría de la relatividad y la mecánica cuántica.

A pesar de su enfermedad, esclerosis lateral amiotrófica (ELA), y el tiempo de vida que le daban los médicos (2-3 años después de haberla detectado), con sus ganas de trabajar y de buen humor vivió hasta los 75 años; encaraba con mucho optimismo su condición.

Libros: *Breve historia del tiempo* (1988), *La teoría del todo: el origen y el destino del universo* (2002), *El gran diseño* (2010), *El universo en una cáscara de nuez* (2001).

«Uno no puede probar que Dios no existe, pero la ciencia hace a Dios innecesario».

«Las leyes han podido ser decretadas por Dios, pero Dios no interviene para romper las leyes».

«La vida sería trágica sino fuera graciosa».

«La gente callada tiene la mente más ruidosa».

121. Steven Pinker (Canadá, 1954), psicólogo, científico cognitivo y lingüista

Su teoría sobre la mente establece la capacidad de atribuir estados mentales a otras personas con la comunicación y el lenguaje que se interrelacionan entre ellos. Propone que el lenguaje no es un comportamiento adquirido socialmente, sino una capacidad instintiva con la que los seres humanos nacemos. Establece que el lenguaje es parte inherente de la naturaleza humana y que tiene doble faceta de estructura cognitiva y realidad social.

Se graduó de psicólogo experimental en la Universidad McGill en 1976 y cursó un doctorado en la Universidad de Harvard en 1979. Fue director del Centro de Neurología Cognitiva del Instituto Tecnológico de Massachusetts.

Libros: *Cómo funciona la mente* y *La tabla rasa* son trabajos de la psicología evolucionista moderna que son a la mente como una navaja suiza equipada para la evolución, con un conjunto de herramientas especializadas para resolver problemas en el día a día de los seres humanos.

«Cuanto más se piensa y se interactúa con otras personas, más te das cuenta de que es insostenible privilegiar tus intereses por encima de los de ellos».

«Yo diría que nada da más sentido a la vida que la comprensión de que cada momento de conciencia es un regalo precioso y frágil».

122. Tales de Mileto (Mileto, actual Turquía, 624 a. C.-546 a. C.), filósofo, matemático, físico y astrónomo de la antigua Grecia

Fue el primer filósofo en proponer la naturaleza última del mundo, concebida sobre la base del agua. Este filósofo expone que el agua es el principio de toda la naturaleza que existe (el mundo, el ser humano son 70 % agua, 30 % materia). Toda la vida está vinculada al agua como elemento fundamental, unificador y original: el arquetipo de la vida y de la Tierra.

Desde el punto de vista de las matemáticas, Tales de Mileto expresó: «Toda recta paralela a un lado de un triángulo forma con los otros dos lados o con sus prolongaciones otro triángulo que es semejante al triángulo dado». Se le atribuye el cálculo de la altura de las pirámides de Egipto.

Tales de Mileto fue el primero que observó el fenómeno electrostático producido por el ámbar en el año 600 a. C. (resina fósil proveniente principalmente de restos de coníferas y algunas angiospermas. Significa «que flota en el mar»; se considera la única piedra preciosa de origen vegetal). El físico inglés William Gilbert fue el primero en estudiar la atracción magnética y cómo el término *electricus* terminó siendo *electricidad*, que viene del griego *elektron*, que significa ámbar.

De las ideas de Tales de Mileto, Aristóteles dijo: «Sus ideas no son antiguas, ni primitivas, sino nuevas y apasionantes, y el origen de las conjeturas científicas sobre los fenómenos naturales».

Tales de Mileto dejó varias frases educativas que reflejan su interés por el conocimiento, la virtud y la naturaleza humana.

«La felicidad del cuerpo se funda en la salud; la del entendimiento, en el saber».

«Toma para ti los consejos que das a otro».

«Busca siempre un quehacer; cuando lo tengas no pienses en otra cosa que en hacerlo bien».

«La cosa más difícil es conocernos a nosotros mismos».

123. Thomas Hobbes (Reino Unido, 1588-1679), filósofo

Filósofo inglés considerado uno de los fundadores de la filosofía moderna. Fue influenciado por Nicolás Maquiavelo, Aristóteles, Platón y otros. Su idea fundamental es que las personas actúan por interés propio; en consecuencia, se forma un contrato social (en sociedad y sus miembros) para asegurarse y protegerse a través de una monarquía fuerte que evite la confrontación de clase y se evite el enfrentamiento entre sus ciudadanos. Estableciendo un «contractualismo», que es la doctrina que sostiene que el origen de la comunidad política se encuentra en el contrato social.

Hobbes defendió el concepto de que los seres humanos son puramente físicos, más que una máquina biológica regida por las leyes del universo. Defendía que cada cuerpo posee longitud, densidad y profundidad, y lo que no tiene cuerpo no forma parte de las leyes del universo.

Libros: *Elementos de filosofía* (1642), *Elementos de derechos naturales y políticos* (1650).

«La guerra es la consecuencia de la competencia constante entre los hombres para obtener lo que desean».

«La ley y el orden son necesarios para mantener la paz social».

«El miedo y el deseo son los principales motivadores de la acción humana».

124. Tomás Moro (Inglaterra, 1478-1535), teólogo, político, escritor y poeta

Profesor de leyes, juez de negocios y canciller inglés. Defendía el humanismo trascendental de un hombre integral con principios de amistad, solidaridad y de formación en grandes virtudes. Debido a su gran formación y capacitación, llevó una vida austera y con don de servicio por los demás, ocupó distintos cargos públicos.

Escribió numerosos textos sobre el humanismo y contra los prejuicios (sentencia enérgica contra los principios de cierta ciencia o arte). Su obra maestra fue *Utopía* (1516), en la que proponía una organización social colectiva en una «isla imaginaria» donde todos los ciudadanos serían iguales, reparto igual de las riquezas, productos, sin clases sociales, y se impartía una enseñanza de total igualdad. Una utopía social y económica llamada por algunos autores el principio del «comunismo primitivo».

Se opuso al divorcio del rey de Inglaterra Enrique VIII, era defensor acérrimo del matrimonio y eso le costó la vida.

Libros: *La agonía de Cristo* (1535).

Su frase célebre antes de ser decapitado: «Muero siendo un buen servidor del rey, pero primero de Dios».

«Es preciso que obréis de manera tal que si no podéis hacer todo el bien que deseáis, logren vuestros esfuerzos por lo menos quitar fuerza al mal».

«Uno de los mayores problemas de nuestro tiempo es que muchos están escolarizados, pero pocos están educados».

«Dichosos los que piensan antes de actuar, y rezan antes de pensar».

125. Tomás Ortiz Alonso (España, 1953-actualidad), doctor en medicina y psicología

Es director del centro de magnetoencefalograma de la Universidad Complutense de Madrid, España.

Es un investigador y estudioso del cerebro que aporta a la neurociencia un método y estilo de enseñanza, para desarrollar nuevas estrategias en la educación de niños y adolescentes. De igual forma, se propuso llevar estos conocimientos a los padres y representantes de los jóvenes para que ayudaran a su formación y desarrollo educativo.

El Dr. Tomás Ortiz desarrolló un programa de neuropedagogía para divulgar su teoría. Expone que la neurociencia y la educación deben ir de la mano (en estas palabras, se hablaría de la neuroeducación): las emociones son importantes en cada una de las etapas de la vida, porque establecen ejemplos de aplicar la atención, usar la memoria, diferentes tipos de memoria y el aprendizaje.

Las emociones ayudan y motivan la participación de los alumnos y así mejorar el rendimiento académico. Cuando el ambiente es positivo en el aula, el cerebro emocional de los estudiantes recibe mejores estímulos, por lo que los conocimientos se adquieren con más facilidad y se mantienen mucho más en el tiempo.

Libros: *Neurociencia en la escuela* (2018), *Neurociencia y educación* (2009), *Neuropsicología del lenguaje* (1995).

«Las emociones son necesarias para aumentar la motivación en el aula y, por lo tanto, mejorar el rendimiento escolar».

«Neurocientíficos y educadores deben trabajar de forma holística si queremos mejorar los procesos de aprendizaje e integración social de niños con problemas neurológicos».

«El cerebro humano no está preparado para el aislamiento».

126. Trevor W. Robbins (Reino Unido, 1949-actualidad), profesor y doctor en psicología

Es profesor en neurociencia cognitiva en la Universidad de Cambridge en Reino Unido y exdirector del Departamento de Psicología de la misma universidad.

Su trabajo de investigación está centrado en las áreas de la neurociencia cognitiva y neurociencia conductual. Esta estructura cerebral (los lóbulos frontales) y sus diferentes conexiones con otras áreas del cerebro. Este procedimiento cerebral es importante para el estudio de la enfermedad de Parkinson, la demencia, la depresión, la adicción a las drogas, el trastorno obsesivo-compulsivo y el trastorno por déficit de atención e hiperactividad.

En el laboratorio, para realizar sus estudios e investigaciones, utilizó varios sistemas, incluido el paradigma psicológico, para investigar las funciones cognitivas y la impulsividad en los sujetos de estudio. Ha determinado la influencia de los neurotransmisores como la dopamina, la serotonina, la acetilcolina y cómo influyen en la atención, la excitación y la recompensa.

Para el estudio del cerebro, utilizan en el laboratorio la resonancia magnética o tomografía por emisión de positrones para determinar en qué parte del cerebro humano se llevan a cabo diversas operaciones cognitivas. Su estudio abarca el establecer cómo funcionan los medicamentos para la recuperación de diversas enfermedades y trastornos psiquiátricos.

Sus estudios e investigación se han centrado en los mecanismos neuropsicológicos que subyacen a la cognición, la motivación y la emoción.

Libros: *Neurociencia cognitiva* (2018), *Mejoradores cognitivos* (2004), *Motivación, emoción y estrés* (2006), *Mecanismos de la memoria* (2001).

127. Viktor Frankl (Austria, 1905-1997), neurólogo, psicólogo y filósofo

Fue fundador de la logoterapia, que consiste en el uso de los sentidos, terapia que facilita el sanar, cuidar y acompañar a las personas que padecen algún trauma psicológico, para darle sentido a sus vidas. También llamada psicoterapia, es una técnica que propone la voluntad de los sentidos para la motivación primaria del ser humano, es decir, una dimensión psicológica a través de una atención clínica para recuperar al paciente.

Esta ciencia terapéutica ayuda a las personas-pacientes a ver la vida de otra forma con autotrascendencia, compromiso y responsabilidad social para superarse.

Se cultiva, con la logoterapia, el análisis existencial. Se cultiva una mentalidad de gratitud y atención plena para descubrir el valor de cada momento de la vida.

Escribió el libro *El hombre en busca de sentido* (2015), en el que enfatiza la importancia de la libertad interior de cada persona para mantener su responsabilidad sobre sus pensamientos y acciones para alcanzar la trascendencia ante sus dificultades y describir su verdadero camino.

Fue prisionero de guerra en un campo de concentración nazi durante la II Guerra Mundial, donde perdió a toda su familia. Sin embargo, sobrevivió a ello gracias a su fortaleza interna y mental para salir adelante con un verdadero propósito de vida. Su obra y experiencia llevan un gran ejemplo para afrontar el sufrimiento y la adversidad.

«Nuestra mayor libertad es la libertad de elegir nuestra actitud».

«Cuando ya no podemos cambiar una situación, tenemos el desafío de cambiarnos a nosotros mismos».

128. William James (Estados Unidos, 1842-1910), psicólogo y filósofo

Trabajó en la Universidad de Harvard. En el aspecto educativo, su método se basó en la educación de la destreza individual y de la iniciativa propia por cada persona o alumno para la adquisición de conocimientos. «La educación es la vida y la escuela es la sociedad».

Su psicología educativa se basa en que cada individuo decide interpretar el mundo que le rodea, en vez de una simple observación.

Le daba mucha importancia a la introspección (mirar al interior y a la autoobservación). Introdujo en la psicología moderna el concepto de plasticidad cerebral que se vincula a la formación de hábitos que son rutas cerebrales.

Aportó sobre el pragmatismo (la importancia de la experiencia). El funcionalismo, cómo funciona la mente en un entorno social. Impulsó la creación del primer laboratorio de psicología experimental en EE. UU. Este autor propuso la existencia de dos tipos de memoria: de la atención y de conocimientos[4]. Expuso la teoría psicofisiológica de las emociones.

Libros: *Principios de Psicología* (1890), *Pragmatismo* (1907), *¿Qué es la emoción?* (1884).

«Cree que merece vivir la vida y esa creencia ayudará a crear el hecho».

129. Xavier Melgarejo (España, 1963-2017), doctor en psicología y pedagogo.

Especialista en el sistema educativo finlandés. Fue profesor de posgrado en la formación de directores de escuelas. Fue pionero en impulsar un método para la prevención del consumo de drogas. Realizó numerosas conferencias en congresos, seminarios y universidades sobre el impacto de tres engranajes en el sistema

---

[4] Nota del autor: también se podría llamar memoria de trabajo o memoria operativa.

educativo (modelo de Finlandia): la familia, la escuela y la sociedad para que funcione coherentemente.

La familia en Finlandia lee mucho, es uno de los países que más lee en el mundo. Los padres son ejemplo para sus hijos de la creación del hábito de la lectura. Los niños desde muy pequeños son llevados por sus padres a la biblioteca. Hay una devoción por la lectura. Los padres son ejemplos y modelos para sus hijos para iniciarlos en la lectura. Toda la familia se involucra en la lectura: tíos, sobrinos, abuelos y hermanos. La lectura en Finlandia es un acto sagrado.

La escuela en Finlandia para los niños comienza a los 7 años, porque creen que es a esa edad que el cerebro de los niños está listo para la lectura. Los profesores y maestros de Finlandia son escogidos de entre los mejores, los más preparados y capacitados en una estricta selección, ya que el docente de primer grado es el más importante en la vida escolar de todo niño.

El docente de primer grado marca al alumno; por eso, el docente de este grado debe ser el mejor entre los mejores, con capacidad, habilidades, competencias y formación pedagógica, porque inicia la estructuración del lenguaje y el pensamiento de los niños. En Finlandia, ser un profesor o maestro es un honor y orgullo, porque consideran que están formando a un futuro ciudadano bien educado y a un futuro profesional. La docencia es una de las profesiones mejor remuneradas en este país.

El apoyo sociocultural de la sociedad en general a la escuela tiene un respaldo, porque la TV pública y privada pasan películas formativas y constructivas para apoyar a la educación. La existencia de bibliotecas en todos los pueblos y ciudades de Finlandia es clave para apoyar a la educación y a la escuela, con todas sus actividades recreativas, formativas y de préstamo de libros[5].

Libros: *Gracias, Finlandia: qué podemos aprender del sistema educativo de más éxito* (2016), *Transformar la adversidad* (2017).

«La enseñanza que deja huella no es la que se hace de cabeza a cabeza, sino de corazón a corazón».

«Es en las facultades de Educación donde más hay que invertir».

130. Zygmunt Bauman (Polonia, 1925-2017), sociólogo y filósofo

Denominó «sociedad líquida» al mundo actual que se caracteriza por su estado fluido y volátil y la presencia de una incertidumbre por la velocidad de los cambios que ha debilitado las relaciones humanas. Bauman ataca al consumismo como principal responsable de transformar al sujeto en objeto de consumo.

Sostiene que la modernidad contemporánea es líquida porque implica muchos procesos de individualización, que consisten en la liberación del hombre de las ataduras colectivas y asumir una responsabilidad sobre su propia vida, aun cuando esa libertad le acarreará mayor inseguridad, soledad y riesgo.

---

[5] Relatos tomados de la experiencia de Xavier Melgarejo, maestro español, y su investigación del modelo educativo de Finlandia.

Libros: *Amor líquido, El arte de la vida: de la vida como obra de arte.*

«Practicar el arte de la vida hace de la vida una obra de arte».

«El amor es el anhelo de generar y preservar el objeto querido».

Referencias bibliográficas

RUIZ, JOSÉ CARLOS, *El arte de pensar*, Editorial Almuzara, España, febrero de 2020.

ACARÍN, NOLASC, *El cerebro del rey (vida, sexo, conducta, envejecimiento y muerte de los humanos)*, Edición RBA, Barcelona, 2018.

BILBAO, ÁLVARO, *El cerebro del niño explicado a los padres*, Plataforma Editorial, Barcelona, 2022.

Damasio, ANTONIO, *El error de Descartes*, Ediciones Destino, Barcelona, 2018.

GUILLÉN, JESÚS C., *Neuroeducación en el aula*, Printed by Amagra Itziar, 2017.

VEGA, MARTA ROMO, *Entrena tu cerebro (neurociencia para la vida cotidiana)*, Editorial Alienta, Barcelona, 2023.

DAMASIO, ANTONIO, Y el cerebro creó al hombre, Liberdúplex S. L., Barcelona, 2020.

KAHNEMAN, DANIEL, *Pensar rápido, pensar despacio*, Grupo Editorial Penguin, Barcelona, 2022.

Torrens, David Bueno, *Neurociencia para educadores*, Ediciones Octaedro, Barcelona, 2021.

Robinson, Ken, *Escuelas creativas*, Grupo Editorial Penguin, Barcelona, 2023.

Ibarrola, Begoña, *El taller de las emociones*, Grupo Editorial Penguin Random House, Barcelona, 2023.

Álvaro Pascual-Leone y otros, *El cerebro que crea*, Plataforma Editorial, Barcelona, 2023.

Francisco Mora, Neuroeducación, Alianza Editorial, España, 2013.

Romera, Mar, *La familia, la primera escuela de las emociones*, Editorial Booket, España, 2017.

Consultas bibliográficas realizadas en Internet a través de Wikipedia (https://wikipedia.com/).